P. CORNELII TACITI

LIBRI QVI SVPERSVNT

TOM. II · FASC. 3

AGRICOLA

EDIDIT

IOSEPHVS DELZ

STVTGARDIAE IN AEDIBVS B.G. TEVBNERI MCMLXXXIII

CIP-Kurztitelaufnahme der Deutschen Bibliothek

Tacitus, Cornelius:
[Libri qui supersunt]
P. Cornelii Taciti libri qvi svpersvnt. –
Stvtgardiae : Tevbner
(Bibliotheca scriptorvm Graecorvm et
Romanorvm Tevbneriana)

NE: Tacitus, Cornelius: [Sammlung]

T. 2.
Fasc. 3. Agricola / ed. Iosephvs Delz. – 1983.
Orig.-Ausg. u.d.T.: Tacitus, Cornelius:
De vita Iulii Agricolae
ISBN 3-519-01839-X

NE: Delz, Josef [Hrsg.]

Printed in Germany
Satz: pagina GmbH, Tübingen
Druck und Bindung: Passavia Druckerei GmbH Passau

PRAEFATIO

In hoc opusculo edendo neque de Taciti librorum fatis in universum praefari mihi proposui neque qua via celeberrimus ille codex Hersfeldensis (sive fuit Fuldensis), qui Taciti scripta minora et fragmentum de grammaticis et rhetoribus continebat, quinto decimo saeculo in Germania repertus, Italorum sollertia non sine machinationibus obscuris Romam advectus, denique discerptus descriptus amissus sit fusius renarrare. Agricolae quidem textus per quattuor fere saecula editionibus Francisci Puteolani et duobus manuscriptis Vaticanis (Vat. lat. 3429 et 4498) nitebatur, cum ecce anno 1902 Aese (i. e. vulgo Iesi) in bibliotheca comitis Balleani repertus est codex Dictyn Cretensem atque Taciti Agricolam et Germaniam amplectens (Aesinas lat. 8), qui a Stephano Guarnieri ante annum 1474 consarcinatus et partim ab eo ipso scriptus (ut demonstravit inventor felix Caesar Annibaldi) unum quaternionem et duo folia veteris illius codicis in lucem reddidit[1]. Paulo ante innotuerat alius codex Taciti

---

[1] Vide sis, ut commentationes minoris momenti praetermittam:
C. Annibaldi, L'Agricola e la Germania di Cornelio Tacito nel MS. Latino N. 8 della biblioteca del Conte G. Balleani in Iesi, Città di Castello 1907. - R. Sabbadini, Storia e critica di testi latini, Catania 1914 (repr. Hildesheim 1974), 263-287. - R. P. Robinson, The Germania of Tacitus, Middletown (Connecticut) 1935, 1-78. - R. Till, Handschriftliche Untersuchungen zu Tacitus Agricola und Germania mit einer Photokopie des Codex Aesinas, Berlin 1943. - L. Pralle, Die Wiederentdeckung des Tacitus, Fulda 1952. - N. Rubinstein, An unknown letter by Jacopo di Poggio Bracciolini on discoveries of classical texts, Italia Medioevale e Umanistica

Germaniam et Agricolam necnon miscellanea quaedam continens, quod ad Agricolam attinet duobus Vaticanis aliquantum praestantior (Toletanus 49,2)[2]; quem anno 1474 Fulginiae a M. Angelo Crullo satis fideliter ex Aesinati descriptum ad textum constituendum exigui momenti esse mox apparuit.

Codicem Hersfeldensem (H) - Aesinatem (E), caput et fundamentum textus constituendi, ipsum non vidi, sed imaginibus lucis ope confectis usus sum, quas Rudolfus Till publici iuris fecit (v. adn. 1). Cuius descriptionem accuratissimam hic compilare nolui; nam eam adire debet quicumque de codicis indole, de scripturae genere, de correctionibus illatis aliquid subtilius cupit scire. Id unum vir doctissimus neque mihi neque aliis persuasit, correctorem saeculi noni - qui non est scriba codicis - correctiones et varias lectiones omnes suo Marte addidisse. Quoniam nonnullae plane sunt corruptae aut sensu carent, ex altero exemplari eas desumptas esse concludendum est.

Codicem Toletanum 49,2 (T) non vidi (v. adn. 2).

Codex Vaticanus latinus 3429 (A) constat ex editione Veneta-Spirensi inter annos 1470 et 1473 impressa Taciti Annalium partem tum notam Historias Germaniam Dialogum continente et sedecim foliis chartaceis, quorum quattuordecim Agricolam manu scriptum praebent, duo vacua sunt. Quod Fulvius Ursinus olim huius libri possessor annotavit, Agricolam manu Pomponii Lae-

---

1, 1958, 383-400. - B. L. Ullman, Pontano's handwriting and the Leiden manuscript of Tacitus and Suetonius, Italia Medioevale e Umanistica 2, 1959, 309-335. - G. Brugnoli, La vicenda del codice Hersfeldense, Rivista di Cultura Classica e Medioevale 3, 1961, 68-90.

2 O. Leuze, Die Agricola-Handschrift in Toledo, Philologus Suppl. 8, 1899-1901, 513-556 (cum collatione lectionum). - F. F. Abbott, The Toledo Manuscript of the Germania of Tacitus, Decennial Publications of the University of Chicago 6, 1904, 215-258 (cum descriptione totius codicis).

ti scriptum esse, iam dudum addubitatum G. Muzzioli vir huius rei peritissimus refellit[3]; sed error ut a novissimis editoribus ita ab aliis usque redintegratur.

Codex Vaticanus latinus 4498 (B) membranaceus saeculo XV exeunte scriptus inter multa alia Taciti Agricolam Dialogum Germaniam continet; codex nitide scriptus mendis scatet.

Vaticanos denuo contuli, pauca rectius me legisse contendo quam Urlichs et Andresen, e quorum editionibus recentiores omnes pendent.

Codicem Hersfeldensem ceterorum testium fontem unicum fuisse nemo fere est qui nunc dubitet, et Stephanum Guarnieri eas partes quae veterem quaternionem praecedunt et sequuntur (i. e. 1,1 - 13,1 *munia* et 40,2 *ad Agricolam* - 46,4) ex vetere exemplari integro descripsisse verisimile est, etsi demonstrari id quidem non potest et sunt qui eum aliquod apographon Hersfeldensis adhibuisse arbitrentur[4]. At de gradu cognationis inter AB et HE valde discrepant virorum doctorum opiniones. Et primum quidem A et B multis vitiis inter se cohaerent, B insuper multa peculiaria exhibet, sed B non ex A fluxisse demonstratur e. g. locis 10,3, ubi A voculam *in* omisit et 22,2, ubi H duplicem lectionem praebet: *pactione ac fuga* in textu, *aut* in margine, A *pactione ac fuga*, B *pactione aut fuga*; postulandus est ergo fons communis, in quem duplex lectio ex H manaverit. Id exemplar deperditum linea ut aiunt directa ex Aesinati descendisse multi contenderunt[5], sed mihi scru-

[3] G. Muzzioli, Due nuovi codici autografi di Pomponio Leto, Italia Medioevale e Umanistica 2, 1959, 337-351; ad Vat. lat. 3429 v. p. 347.

[4] e. g. M. Lenchantin de Gubernatis in editione Paraviana, Torino 1949, p. VIIIsqq., B. L. Ullman (v. adn. 1) 320 n. 2, R. M. Ogilvie in editione Agricolae, Oxford 1969, 86.

[5] e. g. E. de Saint-Denys in editione Agricolae, Paris 1942, p. XXX et nuperrime Ch. E. Murgia, The minor works of Tacitus: A study in textual criticism, Classical Philology 72, 1977, 323-343.

pulum iniecit locus 11,4, ubi AB recte habent *in bellis*, E contra voculam *in* omisit. Qua de causa Hersfeldensem ab alio quodam descriptum esse priusquam in manus Stephani Guarnieri veniret mihi persuasum habeo. Neque mirum est aliquot exempla interisse, in quorum numero fortasse habendus est codex ille vetus a Fulvio Ursino saepius laudatus, nisi aut fictus aut liber typis expressus adiunctis cuiusdam adnotationibus fuit.

Ad textum constituendum nihil interest utrum AB ex E fluxisse putemus an ex alio Hersfeldensis apographo, sed multum interesset ad apparatum criticum instruendum, si stricta artis criticae regula uti voluissem. Nam si re vera AB ex E pendent, eorum lectiones ex apparatu critico abiciendae erant exceptis scribarum coniecturis et emendationibus. Nunc autem non solum in principio et in fine, sed etiam in ea parte ubi H exstat, lectiones illorum codicum sedulo notavi (sed non curavi quisquilias orthographicas et neglexi quasdam codicis B ineptias), non quia aliquid boni inesse crediderim, sed ut indoles utriusque a lectore cognosci et pretium perpendi posset, ut depravationem textus illustrarem qualis a Francisco Puteolano circa annum 1475 primum typis mandatus est. Puteolanus ipse quidem aliquot menda sustulisse, alia intulisse videtur, sed exemplar quo typotheta nisus est ut fere fit non exstat; consentit enim modo cum A (e. g. 6,3 *praeturam quaesturam*, 11,3 *aestimati* A *extimati* Puteolanus *aestimanti* recte B) modo cum B (e. g. 9,4 *etiam saepe*, 28,1 *Usipiorum*, 42,1 *Asiae et Africae*). Proximae editiones Beroaldi et Rhenani totae ex Puteolana et ipsorum editorum ingenio pendent[6].

---

[6] De tribus Puteolani editionibus quas contuli vide Indicem operum; non licuit mihi inspicere editionem Mediolanensem anni 1475 epistula Puteolani editoria carentem, quam affert D. Reichling, Appendices ad Hainii-Copingeri Repertorium bibliographicum, Additiones et Emendationes fasc. VI, Monachi 1910, p. 65sq. sub numero 1876.

In textu constituendo editiones veteres et recentiores quam plurimas adhibui, et imprimis Rudolfum Till et R. M. Ogilvie aliquantum profecisse grato animo profiteor. Emendationes et coniecturas virorum doctorum quoad potui primis auctoribus vindicavi. Eorum nomina quorum coniecturae per Aesinatem comprobatae sunt uncis inclusa lectionibus H et E adscripsi. Ipse in textu pauca novavi, plura in apparatu critico proposui, interpunctionem saepius mutavi.

BASILEAE I. DELZ

INDEX OPERVM

quae in apparatu critico solo auctoris nomine laudantur (asterisco signavi quae ipse non vidi)

A. Editiones

Andresen — Cornelii Taciti de vita et moribus Iulii Agricolae liber. Ad fidem codicum Vaticanorum recensuit atque interpretatus est Georgius Andresen. Berolini 1880.

Andresen — P. Cornelii Taciti libri qui supersunt recognovit Carolus Halm. Ed. V. curavit Georgius Andresen. Tom. II, fasc. 2: Germania. Agricola. Dialogus de oratoribus. Lipsiae 1914.

**Bach* — Cornelii Taciti operum quae supersunt. Emendavit et . . . illustravit Nicolaus Bachius. Lipsiae 1834/35.

Becker — C. Cornelii Taciti De vita et moribus Cn. Julii Agricolae libellus. Textum recensuit et ad fidem codicis Vat. emendavit, notasque adspersit U. J. H. Becker. Hamburgi 1826.

Bekker — Cornelius Tacitus . . . ab Immanuele Bekkero . . . recognitus. Lipsiae 1831.

Beroaldus — P. Cornelii Taciti libri quinque noviter inventi atque cum reliquis eius operibus editi. Romae 1515.

**Bosius* — Taciti Agricola cum notis I. Andr. Bosii. Ienae 1656 (1664).

**Brotier* — C. Cornelii Taciti opera; recognovit, emendavit, supplementis explevit, notis, dissertationibus, tabulis geographicis illustravit G. Brotier. Parisiis 1771.

Buchner — Cn. Iulii Agricolae vita scriptore C. Cornel. Tacito cum notis Augusti Buchneri primum editis cura Georgii Schubarti. Lipsiae 1683.

Büchner — Publius Cornelius Tacitus. Die historischen Versuche . . . übers. u. hrsg. von Karl Büchner. 2. Aufl. Stuttgart 1963.

Croll C. Cornelii Taciti opera ex recensione Georg. Chr. Crollii, ed. II. auctior et emendatior curante Frid. Christ. Exter. Biponti 1792 (ed. prior prodierat Biponti 1780 sine editoris nomine).

**Doederlein* C. Cornelii Taciti opera. Emendavit et commentariis instruxit Ludovicus Doederlein. Halis 1841-47.

Dronke C. Corn. Taciti Agricola ... ed. Ernestus Dronke. Confluentibus 1824.

Ernesti C. Cornelii Taciti opera ex recensione Io. Augusti Ernesti ... Lipsiae 1752 (iterum recensuit Lipsiae 1772).

**Gesner* Johannes Matthias Gesner, Enchiridion. Gottingae 1745.

Gronov C. Cornelii Taciti opera ... Jo. Fred. Gronovius recensuit. Amstelodami 1685.

Grotius C. Corn. Tacitus ex I. Lipsii editione cum notis et emendationibus H. Grotii. Lugduni Bat. 1640.

Gudeman P. Cornelii Taciti de vita et moribus Cn. Jul. Agricolae liber. Erklärt von Alfred Gudeman. Berlin 1902.

Gudeman Tacitus de vita Iulii Agricolae and de Germania with introd., notes ... by Alfred Gudeman. Boston 1928 (1950).

Haase Cornelii Taciti opera edidit Fridericus Haase. Lipsiae 1855.

Halm Cornelii Taciti opera quae supersunt. Ex recognitione Car. Halmii. Lipsiae 1853-54.

Halm Cornelii Taciti libri qui supersunt. Iterum recognovit Carolus Halm. Lipsiae 1863-64 (quartum recogn. 1885-86).

**Henrichsen* Des C. Cornelius Tacitus Agricola. Lateinisch u. deutsch mit kritischen u. erklärenden Anmerkungen von A. J. F. Henrichsen. Altona 1858-71.

Heraeus Das Leben des Agricola von Tacitus. Schulausg. von A. Draeger. 6., umgearb. Aufl. besorgt von W. Heraeus. Leipzig & Berlin 1905.

Koestermann P. Cornelii Taciti libri qui supersunt. Recognovit Carolus Halm. Post Georgium Andresen editionem sextam curavit Ericus Koestermann. Tom. II, fasc. 2: Germania. Agricola. Dialogus de oratoribus. Lipsiae 1936.

Lipsius C. Cornelii Taciti Historiarum et Annalium libri qui exstant, Iusti Lipsii studio emendati et illustrati ... eiusdem Taciti ... Iulii Agricolae vita ... Antverpiae 1574 (... denuo castigavit et recensuit. Antverpiae 1581).

Nipperdey Cornelius Tacitus a Carolo Nipperdeio recognitus. Berolini 1871–76.

**Novák* Cornelii Taciti Germania, Agricola, Dialogus de oratoribus. Scholarum in usum recensuit Robertus Novák. Pragae 1889.

Ogilvie Cornelii Taciti de vita Agricolae ed. by R. M. Ogilvie and ... Ian Richmond. Oxford 1967 (iteratum paucis correctis in editione Operum minorum M. Winterbottom et R. M. Ogilvie. Oxonii 1975).

Peerlkamp C. Cornelii Taciti Agricola recensuit P. Hofman Peerlkamp. Ed. II. emendata et aucta. Leidae 1864.

**Prammer* Taciti Agricola, ed. I. Prammer. Wien 1880.

Puteolanus Plinius Caecilius Secundus. Panegyricus Traiano Augusto dictus et alii panegyrici veteres. s. l. typ. n. & a. [f. 1r: Franciscus Puteolanus reverendo D. Iacobo Antiquario ... salutem. f. 2v: Tabula eorum quae in hoc volumine continentur ... denique: Julii Agricolae vita per Cornelium Tacitum eius generum castissime composita] (Hain 13119). Inter Taciti opera primus Agricolam imprimendum curavit Puteolanus in editione s. l. et a. [Mediolani c. 1475–80?] (Hain 15219) necnon Venetiis 1497 (Hain 15222). vide Praef. adn. 6.

Rhenanus P. Cornelii Taciti equitis Romani annalium ... libri sedecim ... recogniti ... per Beatum Rhenanum ... denique vita Julii Agricolae ... Basileae 1533.

Ritter C. Cornelii Taciti Vita Iulii Agricolae, iterum recognovit brevique annotatione instruxit Franciscus Ritter. Bonnae ad Rhenum 1836.

Ritter P. Cornelii Taciti opera, ex vetustissimis codicibus a se denuo collatis ... recensuit Franciscus Ritter. Lipsiae 1864.

Ruperti C. Cornelii Taciti opera minora ... recognovit ... Georgius Alexander Ruperti. Hannoverae 1832.

Till Tacitus, Das Leben des Iulius Agricola. Lateinisch u. deutsch von Rudolf Till. Berlin (Darmstadt) 1961 (2. Aufl. 1975).

Urlichs Cornelii Taciti de vita et moribus Iulii Agricolae liber ad codices Vaticanos ... edidit et recensuit Carolus Ludovicus Urlichs. Wirceburgi 1875.

Walch Tacitus' Agrikola. Urschrift, Uebersetzung, Anmerkungen ... durch Georg Ludw. Walch. Berlin 1828.

Walther C. Cornelii Taciti opera. Recensuit et commentarios suos adiecit Henricus Walther. Halis Saxonum 1831-33.

Wex C. Cornelii Taciti de vita et moribus Cn. Iulii Agricolae liber. Ad fidem codicum denuo collatorum recensuit et commentariis enarravit Fr. Carolus Wex. Brunsvigae 1852.

B. Commentationes

Acidalius Valentis Acidali, intercurrentibus et M. Ant. Mureti, notae in C. Cornelii Taciti opera, quae exstant. Collecta a Christiano Acidalio fratre. Hanoviae 1607.

**Bezzenberger* Georg Bezzenberger, Emendationum delectus. Dresdae 1844.

**Classen* Ioannes Classen, Symbolae criticae Partic. III. Hamburg 1866.

**Dahl* — Jo. Chr. Guil. Dahl, Animadversiones criticae in Taciti Agricolam. Rostock 1802.

Eussner — Adam Eussner, Jahrbücher f. classische Philologie 22, 1876, 551-559 (editionis a Ludovico Urlichs curatae censura).

**Fröhlich* — Johann von Gott Fröhlich, Verbesserungsvorschläge zu einigen Stellen aus Horatius, Tacitus und Theokritos. München 1827 (vide etiam Halm ed. 1854 praef. XIII: 'Eius emendationes ineditas a. 1846 conscriptas Thomas mihi impertivit').

Heinsius — Nicolaus Heinsius, Animadversa in editione secunda ab J. A. Ernesti curata. Lipsiae 1772 (vol. 2, p. 681sqq.; cf. praef. p. XLVI).

**Heumann* — Christoph August Heumann, Parerga critica sive hebdomadum criticarum hebdomas et glossematum decas . . . Ienae 1712.

**Jacob* — Friedrich Jacob, Bemerkungen zu Tacitus Agricola. Lübeck 1850 (1852?).

Leuze — Oscar Leuze, Die Agricola-Handschrift in Toledo, Philologus Suppl. 8, 1899-1901, 513-556.

Madvig — Ioannes Nicolaus Madvig, Adversaria critica II. Hauniae 1873.

Maehly — Jakob Maehly, Zur Kritik lateinischer Texte. Basel 1886.

**Muretus* — Marcus Antonius Muretus, Notae in Tacitum, in: M. Antonii Mureti opera omnia . . . cum brevi annotatione D. Ruhnkenii. Lugduni Bat. 1789 (tom. IV, p. 155sqq.).

Nipperdey — Karl Nipperdey, Vorläufige Bemerkungen zu den kleinen Schriften des Tacitus, Rheinisches Museum 18, 1863, 350-365; 19, 1864, 97-113 (=Caroli Nipperdeii Opuscula, Berolini 1877, 234-274).

Persson — Per Persson, Kritisch-exegetische Bemerkungen zu den kleinen Schriften des Tacitus. Uppsala & Leipzig 1927 (Skrifter utgivna av K. Humanistiska Vetenskaps-Samfundet i Uppsala 24 : 4.).

Reitzenstein Richard Reitzenstein, Bemerkungen zu den kleinen Schriften des Tacitus, Nachrichten v. d. Kgl. Gesellschaft der Wissenschaften zu Göttingen, phil.-hist. Kl. 1914, 173-276 (= Aufsätze zu Tacitus, Darmstadt 1967, 17-120).

**Scheffer* J. Scheffer, Miscellaneae observationes criticae in auctores veteres et recentiores (ed. a P. Burmanno et J. P. d'Orville). Amstelodami 1732-39.

Schömann Georg. Frid. Schömann, Disputatio de locis quibusdam Taciti vitae Agricolae. Index scholarum in Universitate Litteraria Gryphiswaldensi per semestre hibernum anni MDCCCLIX ... habendarum (= Opuscula academica IV, Berolini 1871, p. 203-220).

Schütz Hermann Schütz, Zu Tacitus Agricola, Jahrbücher f. classische Philologie 27, 1881, 269-280.

**Selling* Christian Friedrich Georg Christoph Selling, Observationes criticae in C. Cornelii Taciti Agricolam. Curiae Regnitiorum (Hof) 1826.

Triller Daniel Wilhelm Triller, Observationum criticarum in varios Graecos et Latinos auctores libri quatuor. Francofurti ad Moenum 1742.

Ursinus Fulvius Ursinus, Notae ad Tacitum, in: Fragmenta Historicorum collecta ab Antonio Augustino, emendata a Fulvio Ursino ... Antverpiae 1595, p. 423-463.

Weissenborn Wilhelm Weissenborn, Neue Jahrbücher f. Philologie u. Pädagogik 58, 1850, 25-50 (de editionibus Baiter - Orelli vol. II 1848 et F. Ritter 1848).

Wölfflin Eduard Wölfflin, Jahresberichte: Tacitus, Philologus 25, 1867, 92-134; 26, 1867, 92-166; 27, 1868, 113-149 (= Wölfflin, Ausgewählte Schriften, Leipzig 1933, 22-102).

SIGLA

H	Hersfeldensis i. e. Aesinatis latini 8 pars vetus (folia 56 - 63 necnon folia 69 et 76 partim rescripta), saec. IX
H^c	corrector eiusdem fere aetatis
H^m	variae lectiones manu eiusdem correctoris in margine adscriptae
(H)	foliorum 69 et 76 lectiones, quae legi quidem nequeunt sed ex variis lectionibus in margine adscriptis restituuntur
E	Aesinatis pars a Stephano Guarnieri scripta, ante a. 1474
E^c	correctiones eadem ut videtur manu textui illatae
E^m	variae lectiones a Stephano Guarnieri in margine adscriptae
A	Vaticanus latinus 3429, saec. XV exeuntis
A^c	correctiones eadem ut videtur manu textui illatae
A^m	variae lectiones eadem manu in margine adscriptae
$A^{v.l.}$	variae lectiones eadem manu supra lineam scriptae
B	Vaticanus latinus 4498, saec. XV exeuntis
T	Toletanus 49,2, a. 1474 (codicis lectiones perraro indicantur)

P. CORNELII TACITI

AGRICOLA

1 1. Clarorum virorum facta moresque posteris tradere,
antiquitus usitatum, ne nostris quidem temporibus quam-
quam incuriosa suorum aetas omisit, quotiens magna ali-
qua ac nobilis virtus vicit ac supergressa est vitium parvis
magnisque civitatibus commune, ignorantiam recti et in-
2 vidiam. sed apud priores ut agere digna memoratu pro-
num magisque in aperto erat, ita celeberrimus quisque
ingenio ad prodendam virtutis memoriam sine gratia aut
ambitione bonae tantum conscientiae pretio ducebatur.
3 ac plerique suam ipsi vitam narrare fiduciam potius mo-
rum quam adrogantiam arbitrati sunt, nec id Rutilio et
Scauro citra fidem aut obtrectationi fuit. adeo virtutes
iisdem temporibus optime aestimantur, quibus facillime
4 gignuntur. at nunc narraturo mihi vitam defuncti homi-
nis venia opus fuit, quam non petissem incusaturus. tam
saeva et infesta virtutibus tempora.

1 2. Legimus, cum Aruleno Rustico Paetus Thrasea, He-
rennio Senecioni Priscus Helvidius laudati essent, capitale
fuisse, neque in ipsos modo auctores, sed in libros quo-
que eorum saevitum, delegato triumviris ministerio ut
monumenta clarissimorum ingeniorum in comitio ac
2 foro urerentur. scilicet illo igne vocem populi Romani et

CORNELII TACITI DE VITA IVLII AGRICOLAE LIBER INCIPIT E   CORNELII TACITI DE VITA ET MORIBVS IVLII AGRICOLAE A   Cai Corneli Taciti de uita et moribus Julii Agricolae. prohemium B

17 *post* incusaturus *dist. Wex*   **18** saevia et infaelicia B
19 Vidimus *Lipsius, recte ut opinor (Mus. Helv. 27, 1970, 236)*
22 forum B   **23** monim- B   **24** vocem *om.* B

libertatem senatus et conscientiam generis humani abo-
leri arbitrabantur, expulsis insuper sapientiae professo-
ribus atque omni bona arte in exilium acta, ne quid us-
3 quam honestum occurreret. dedimus profecto grande pa-
tientiae documentum; et sicut vetus aetas vidit quid ulti-
mum in libertate esset, ita nos quid in servitute, adempto
per inquisitiones etiam loquendi audiendique commer-
cio. memoriam quoque ipsam cum voce perdidissemus, si
tam in nostra potestate esset oblivisci quam tacere.

1 3. Nunc demum redit animus; sed quamquam primo
statim beatissimi saeculi ortu Nerva Caesar res olim dis-
sociabiles miscuerit, principatum ac libertatem, augeat-
que cottidie felicitatem temporum Nerva Traianus, nec
spem modo ac votum securitas publica, sed ipsius voti
fiduciam ac robur adsumpserit, natura tamen infirmitatis
humanae tardiora sunt remedia quam mala; et ut cor-
pora nostra lente augescunt, cito exstinguuntur, sic in-
genia studiaque oppresseris facilius quam revocaveris;
subit quippe etiam ipsius inertiae dulcedo, et invisa pri-
2 mo desidia postremo amatur. quid, si per quindecim an-
nos, grande mortalis aevi spatium, multi fortuitis casi-
bus, promptissimus quisque saevitia principis intercide-
runt, pauci, et ut ita dixerim non modo aliorum sed
etiam nostri, superstites sumus, exemptis e media vita tot
annis, quibus iuvenes ad senectutem, senes prope ad
ipsos exactae aetatis terminos per silentium venimus?
3 non tamen pigebit vel incondita ac rudi voce memoriam
prioris servitutis ac testimonium praesentium bonorum
composuisse. hic interim liber, honori Agricolae soceri
mei destinatus, professione pietatis aut laudatus erit aut
excusatus.

4 occurrẽ B grande *om.* B **10** sed *Croll* : et E A B *edd. recc.* (*cf. Reitzenstein 263*[2], *qui perperam contulit Agr. 36,3 et hist. 2,30,2*) **11** dissolubiles B **21** multi *Lipsius* : multis E A B **23** et ut ita *Rhenanus* : et uti E A B **28** seruitutis E (*Ursinus*) : senectutis A B

1 4. Gnaeus Iulius Agricola, vetere et inlustri Foroiu-
liensium colonia ortus, utrumque avum procuratorem
Caesarum habuit, quae equestris nobilitas est. pater illi
Iulius Graecinus senatorii ordinis, studio eloquentiae sa-
pientiaeque notus, iisque ipsis virtutibus iram Gai Cae-
saris meritus; namque Marcum Silanum accusare iussus
2 et, quia abnuerat, interfectus est. mater Iulia Procilla
fuit, rarae castitatis. in huius sinu indulgentiaque edu-
catus per omnem honestarum artium cultum pueritiam
adulescentiamque transegit. arcebat eum ab inlecebris pec-
cantium praeter ipsius bonam integramque naturam,
quod statim parvulus sedem ac magistram studiorum
Massiliam habuit, locum Graeca comitate et provinciali
3 parsimonia mixtum ac bene compositum. memoria teneo
solitum ipsum narrare se prima in iuventa studium phi-
losophiae acrius, ultra quam concessum Romano ac se-
natori, hausisse, ni prudentia matris incensum ac flagran-
tem animum coercuisset. scilicet sublime et erectum in-
genium pulchritudinem ac speciem magnae excelsaeque
gloriae vehementius quam caute adpetebat. mox mitiga-
vit ratio et aetas, retinuitque, quod est difficillimum, ex
sapientia modum.

1 5. Prima castrorum rudimenta in Britannia Suetonio
Paulino, diligenti ac moderato duci, adprobavit, electus
quem contubernio aestimaret. nec Agricola licenter,
more iuvenum, qui militiam in lasciviam vertunt, neque
segniter ad voluptates et commeatus titulum tribunatus
et inscitiam rettulit. sed noscere provinciam, nosci exer-
citui, discere a peritis, sequi optimos, nihil adpetere in
iactationem, nihil ob formidinem recusare, simulque et

1 uoti^{m} (*pro* uetere) B foriuliensium B **3** Caesaris B illi *Wölfflin* (*cf. hist. 1,48,2*) : Iul(i)i E A B : *del. Lipsius* **6** Silanum *Lipsius* : Sillanum E A : Sullanum B **9** honestatis B **10** eum E A : tamen B **15** in *om.* B **16** ultraque quam *Lipsius* **21** que *om.* B **26** nec B **28** iustitiam B

2 anxius et intentus agere. non sane alias exercitatior ma-
gisque in ambiguo Britannia fuit: trucidati veterani, in-
censae coloniae, intercepti exercitus; tum de salute, mox
3 de victoria certavere. quae cuncta etsi consiliis ductuque
alterius agebantur, ac summa rerum et recuperatae pro-
vinciae gloria in ducem cessit, artem et usum et stimulos
addidere iuveni, intravitque animum militaris gloriae cu-
pido, ingrata temporibus quibus sinistra erga eminentes
interpretatio nec minus periculum ex magna fama quam
ex mala.

1 6. Hinc ad capessendos magistratus in urbem degres-
sus Domitiam Decidianam, splendidis natalibus ortam,
sibi iunxit, idque matrimonium ad maiora nitenti decus
ac robur fuit. vixeruntque mira concordia, per mutuam
caritatem et in vicem se anteponendo, nisi quod in bona
uxore tanto maior laus, quanto in mala plus culpae est.
2 sors quaesturae provinciam Asiam, proconsulem Sal-
vium Titianum dedit, quorum neutro corruptus est,
quamquam et provincia dives ac parata peccantibus, et
proconsul in omnem aviditatem pronus quantalibet fa-
cilitate redempturus esset mutuam dissimulationem ma-
li. auctus est ibi filia, in subsidium simul ac solacium;
3 nam filium ante sublatum brevi amisit. mox inter quae-
sturam ac tribunatum plebis atque ipsum etiam tribuna-
tus annum quiete et otio transiit, gnarus sub Nerone tem-
4 porum, quibus inertia pro sapientia fuit. idem praeturae

1 excitatior *Buchner, fort. recte (v. Wölfflin, Philologus 26, 1867, 142)* **3** intercepti *Puteolanus* : intersepti E A B (*quod frustra defendunt coll. hist. 3,51,1*) **11** degressus E A : digressus A^{c} B **15** appetendo B **19** ac E A : et B **20** quantilibet felicitatem B **22** auctus . . . filia E^{m} A B : nactus . . . filiam E ac E : et A B **23** pretură questură A (*inde* praeturam quaesturam *edd. Puteolani, Beroaldi, Basiliensis 1519*) **24** ac E A : et B **25** quietis B transiit B : transit E A temporum E A : ip̃m B

tenor et silentium; nec enim iurisdictio obvenerat. ludos
et inania honoris medio rationis atque abundantiae du-
5 xit, uti longe a luxuria, ita famae propior. tum electus a
Galba ad dona templorum recognoscenda diligentissima
conquisitione fecit, ne cuius alterius sacrilegium res
publica quam Neronis sensisset.
1 7 Sequens annus gravi vulnere animum domumque
eius adflixit. nam classis Othoniana licenter vaga dum
Intimilios (Liguriae pars est) hostiliter populatur, matrem
Agricolae in praediis suis interfecit praediaque ipsa et
magnam patrimonii partem diripuit, quae causa caedis
2 fuerat. igitur ad sollemnia pietatis profectus Agricola
nuntio adfectati a Vespasiano imperii deprehensus ac sta-
tim in partes transgressus est. initia principatus ac statum
urbis Mucianus regebat, iuvene admodum Domitiano et
3 ex paterna fortuna tantum licentiam usurpante. is mis-
sum ad dilectus agendos Agricolam integreque ac strenue
versatum vicesimae legioni tarde ad sacramentum trans-
gressae praeposuit, ubi decessor seditiose agere narraba-
tur; quippe legatis quoque consularibus nimia ac formi-
dolosa erat, nec legatus praetorius ad cohibendum po-
tens, incertum suo an militum ingenio. ita successor si-
mul et ultor electus rarissima moderatione maluit videri
invenisse bonos quam fecisse.
1 8. Praeerat tunc Britanniae Vettius Bolanus, placidius
quam feroci provincia dignum est. temperavit Agricola

1 tenor *Rhenanus* : certior E A B **2** rationis E A : luxuriae B **3** proprior B **4** bona *Griffiths, Class. Quart. 27, 1977, 437* **5** effecit *Heinsius* **7** annum (*pro* annus) B **9** Intimilios *Gudeman 1902, Ogilvie* : in templo E A B (in Temelium *et* urbs *pro* pars *Ursinus ex 'cod. vet.'* Intemelios *Lipsius* Intimilium *Mommsen CIL V p. 900*) matrem E^{c} A B : nam matrem E T **13** affecti E (tati *s. l.*) deprehensus est ac ... transgressus B **17** dilectus *Lipsius* : delectus E A B **19** ubi cum decessor E ubi ... narrabatur *secl. Wex et Nipperdey, vix recte* **21** potest E^{m} (*erasum*) **24** donos B **25** Bolanus B : Volanus E A

vim suam ardoremque compescuit, ne incresceret, peri-
2 tus obsequi eruditusque utilia honestis miscere. brevi
deinde Britannia consularem Petilium Cerialem accepit.
habuerunt virtutes spatium exemplorum, sed primo Ce-
rialis labores modo et discrimina, mox et gloriam com-
municabat: saepe parti exercitus in experimentum, ali-
3 quando maioribus copiis ex eventu praefecit. nec Agri-
cola umquam in suam famam gestis exultavit: ad aucto-
rem ac ducem ut minister fortunam referebat. ita virtute
in obsequendo, verecundia in praedicando extra invi-
diam nec extra gloriam erat.
1 9. Revertentem ab legatione legionis divus Vespasia-
nus inter patricios adscivit ac deinde provinciae Aquita-
niae praeposuit, splendidae inprimis dignitatis admini-
2 stratione ac spe consulatus, cui destinarat. credunt pleri-
que militaribus ingeniis subtilitatem deesse, quia ca-
strensis iurisdictio secura et obtusior ac plura manu
agens calliditatem fori non exerceat. Agricola naturali
prudentia, quamvis inter togatos, facile iusteque agebat.
3 iam vero tempora curarum remissionumque divisa: ubi
conventus ac iudicia poscerent, gravis intentus, severus
et saepius misericors; ubi officio satis factum, nulla ultra
potestatis persona; tristitiam et adrogantiam et avaritiam
exuerat. nec illi, quod est rarissimum, aut facilitas auc-

1 ne ⟨invidia⟩ incresceret *proposui Mus. Helv. 27, 1970, 234,* ne ⟨nimis⟩ incresceret *Prammer (cf. Heubner, Rhein. Mus. 116, 1973, 362)* **2** obsequi E^c E^m A B : obsequii E B **3** Petillum E^m **4** habuit E^m : *fort. scribendum* habuerunt⟨que⟩ virtutes spatium exemplorum. sed (*cf. ann. 13,8,1*) virtutis E^c exemplar E^m **14** proposuit B **16** adesse B **18** fori nõ E A : foreñ. B **20** tempora E A : temporis et B diversa *Lund, Class. Quart. 32, 1982, 179 coll. ann. 6, 51, 3* (*sed cf. Cic. Mur. 74*) **22** nulla *Rhenanus* : nullam E A B (*sed in* E *lineola supra* a *deleta esse videtur*) **23** persona E^c (*Rhenanus*) : personam E A B tristitiam ... exuerat *secl. Peerlkamp, Wex, alii* (et avaritiam *secl. Acidalius,* et adrogantiam et avaritiam *secl. Büchner*), *sed cf. ann. 6,25,2* **24** facultas B

4 toritatem aut severitas amorem deminuit. integritatem
atque abstinentiam in tanto viro referre iniuria virtutum
fuerit. ne famam quidem, cui saepe etiam boni indul-
gent, ostentanda virtute aut per artem quaesivit; procul
ab aemulatione adversus collegas, procul a contentione
adversus procuratores et vincere inglorium et atteri sordi-
5 dum arbitrabatur. minus triennium in ea legatione de-
tentus ac statim ad spem consulatus revocatus est, comi-
tante opinione Britanniam ei provinciam dari, nullis in
hoc ipsius sermonibus, sed quia par videbatur. haud sem-
6 per errat fama; aliquando et eligit. consul egregiae tum
spei filiam iuveni mihi despondit ac post consulatum col-
locavit, et statim Britanniae praepositus est, adiecto ponti-
ficatus sacerdotio.
1 10. Britanniae situm populosque multis scriptoribus
memoratos non in comparationem curae ingeniive refe-
ram, sed quia tum primum perdomita est. ita quae prio-
res nondum comperta eloquentia percoluere, rerum fide
2 tradentur. Britannia, insularum quas Romana notitia
complectitur maxima, spatio ac caelo in orientem Ger-
maniae, in occidentem Hispaniae obtenditur, Gallis in
meridiem etiam inspicitur; septentrionalia eius, nullis
3 contra terris, vasto atque aperto mari pulsantur. formam
totius Britanniae Livius veterum, Fabius Rusticus recen-
tium eloquentissimi auctores oblongae scutulae vel bi-
penni adsimilavere. et est ea facies citra Caledoniam,
unde et in universum fama est. transgressis inmensum et

1 deminuit E (*Lipsius*) : diminuit A B **3** etiam saepe B *edd. vett.* **4** ostentanda *Rhenanus* : ostentandam E (*sed* m *expunctum esse videtur*) A B virtutem E (*sed* m *erasum*) quaesiit E **10** ipsius E : suis A B aut semper erat B **11** eligit E (*Rhenanus*) : elegit A B egregiae *Puteolanus* : graeciae E A : grate A^m B **12** ac E A : et B **17** ita quae A^c B : itaque E A : itaque quae *edd. vett.* **18** fides E^m A^c (*sed* s *deletum*) **25** scupulae B **26** caledoniam A B : calydoniam E **27** in *om.* A est *secl. Schömann, alii* *post* transgressis *legitur in* E unde et uniuersis fama sed, *quae verba librarius*

enorme spatium procurrentium extremo iam litore ter-
4 rarum velut in cuneum tenuatur. hanc oram novissimi maris tunc primum Romana classis circumvecta insulam esse Britanniam adfirmavit, ac simul incognitas ad id tempus insulas, quas Orcadas vocant, invenit domuitque. dispecta est et Thule, quia hactenus iussum et hiems adpe-
5 tebat. sed mare pigrum et grave remigantibus perhibent ne ventis quidem perinde attolli, credo quod rariores terrae montesque, causa ac materia tempestatum, et profun-
6 da moles continui maris tardius impellitur. naturam Oceani atque aestus neque quaerere huius operis est ac multi rettulere; unum addiderim, nusquam latius dominari mare, multum fluminum huc atque illuc ferre, nec litore tenus adcrescere aut resorberi, sed influere penitus atque ambire et iugis etiam ac montibus inseri velut in suo.

1 11. Ceterum Britanniam qui mortales initio coluerint, indigenae an advecti, ut inter barbaros parum comper-
2 tum. habitus corporum varii atque ex eo argumenta. namque rutilae Caledoniam habitantium comae, magni artus Germanicam originem adseverant; Silurum colorati vultus, torti plerumque crines et posita contra Hispania Hiberos veteres traiecisse easque sedes occupasse fidem faciunt; proximi Gallis et similes sunt, seu durante originis

lineola inclusit et addito supra lineam aᵻs *necnon signo* //o *supra* unde *utrumque posito variam lectionem a margine exemplaris perperam se textui inseruisse significavit* : transgressis sed A B : unde et universis fama A^m (*v. Till, Handschr. Unters. 85*)

1 enorme T (*Rhenanus*) : inorme E B : ĩnorme A **5** orcadas A B : orchadas E despecta B **6** Thule *edd. recc.* : thyle E A : tyle B **8** perinde *Grotius* : proinde E A B **12** dñ̃ari (*i. e.* dominari) E A^m : dānari A B **20** Caledoniam A^c B : Calydoniam E A **21** germanam B **22** Hispania *Muretus* : hispaniam E A B hiberos E A : hiberas A^c : Iberas B **23** occupasse E A^m B : habitasse A

vi, seu procurrentibus in diversa terris positio caeli cor-
3 poribus habitum dedit. in universum tamen aestimanti
Gallos vicinam insulam occupasse credibile est. eorum
sacra deprehendas ⟨ac⟩ superstitionum persuasione⟨s⟩;
sermo haud multum diversus, in deposcendis periculis
eadem audacia et, ubi advenere, in detrectandis eadem
4 formido. plus tamen ferociae Britanni praeferunt, ut
quos nondum longa pax emollierit. nam Gallos quoque
in bellis floruisse accepimus; mox segnitia cum otio in-
travit, amissa virtute pariter ac libertate. quod Britanno-
rum olim victis evenit; ceteri manent quales Galli fue-
runt.

1 12. In pedite robur; quaedam nationes et curru proe-
liantur. honestior auriga, clientes propugnant. olim re-
gibus parebant, nunc per principes factionibus et studiis
2 ⟨dis⟩trahuntur. nec aliud adversus validissimas gentes
pro nobis utilius quam quod in commune non consulunt.
rarus duabus tribusve civitatibus ad propulsandum com-
mune periculum conventus. ita singuli pugnant, universi
vincuntur.

3 caelum crebris imbribus ac nebulis foedum; asperitas
frigorum abest. dierum spatia ultra nostri orbis mensu-
ram; nox clara et extrema Britanniae parte brevis, ut fi-
nem atque initium lucis exiguo discrimine internoscas.
4 quod si nubes non officiant, aspici per noctem solis ful-
gorem, nec occidere et exsurgere, sed transire adfirmant.

1 vi *Rhenanus* (*cf. Cic. nat. deor. 2,121; div. 2,93*) : usu E A B **2** aestimanti E B : aestimati A **3** uicinam E A B : uacuam E^m **4** ⟨ac⟩ ... persuasione⟨s⟩ *Glück (teste Ruperti); tradita frustra defendit Persson 55* **6** *in fine* eadem E A : ea B **9** in bellis A B : bellis E **13** in pedite A^c : impedite E A B **16** ⟨dis⟩trahuntur *Heinsius* **18** tribusue B : tribusque E A (*def. Wex*) **21** caelum *usque ad 13,1* seruiant *post caput 10 transposuit Wex*, caelum *usque ad 12,6* avaritiam *Schütz* **22** abest E A : est B ⟨aestate⟩ dierum *Peerlkamp, recte ut videtur* **23** Britanniae parte E A : parte Britanniae B **26** et E A : nec B

scilicet extrema et plana terrarum humili umbra non erigunt tenebras, infraque caelum et sidera nox cadit.

5 Solum praeter oleam vitemque et cetera calidioribus terris oriri sueta patiens frugum, fecundum. tarde mitescunt, cito proveniunt, eademque utriusque rei causa,
6 multus umor terrarum caelique. fert Britannia aurum et argentum et alia metalla, pretium victoriae. gignit et Oceanus margarita, sed subfusca ac liventia. quidam artem abesse legentibus arbitrantur; nam in rubro mari viva ac spirantia saxis avelli, in Britannia, prout expulsa sint, colligi. ego facilius crediderim naturam margaritis deesse quam nobis avaritiam.

1 13. Ipsi Britanni dilectum ac tributa et iniuncta imperii munia impigre obeunt, si iniuriae absint. has aegre tolerant, iam domiti ut pareant, nondum ut serviant. igitur primus omnium Romanorum divus Iulius cum exercitu Britanniam ingressus, quamquam prospera pugna terruerit incolas ac litore potitus sit, potest videri ostendisse
2 posteris, non tradidisse. mox bella civilia et in rem publicam versa principum arma, ac longa oblivio Britanniae etiam in pace. consilium id divus Augustus vocabat, Tiberius praeceptum. agitasse Gaium Caesarem de intranda Britannia satis constat, ni velox ingenio mobili paenitentiae, et ingentes adversus Germaniam conatus fru-
3 stra fuissent. divus Claudius auctor iterati operis, trans-

4 fecundum E^{m} A B : pecudumque E : pecudumque fecundum *Leuze, alii* : pecorum fecundum *La Penna, Maia 27, 1975, 113sqq.* (*cf. Germ. 5,1*) : fecundum *del. Scheffer, Wex* **6** terrarumque B **8** subfusca E A : subfusa E^{m} : suffusa B liuenta B **13** dilectum *Lipsius* : delectum E A B **14** munia E (*expunctum*) H (*hinc incipit in codice Aesinati vetus quaternio e codice Hersfeldensi evulsus*) : munera A B **16** primus H^{c} A B : primum H **21** etiam H A : iam B agustus H **22** praeceptum H^{m} A^{m} : praeceptum.i. B : praecipue H A **23** ingenio mobili H A : ingenii, mobilis B **25** auctor iterati *Wex* : auctoritate H A B : auctor T *Puteolanus, edd. vett.*

vectis legionibus auxiliisque et adsumpto in partem re-
rum Vespasiano, quod initium venturae mox fortunae
fuit: domitae gentes, capti reges et monstratus fatis Ves-
pasianus.
1 14. Consularium primus Aulus Plautius praepositus ac
subinde Ostorius Scapula, uterque bello egregius, redac-
taque paulatim in formam provinciae proxima pars Bri-
tanniae, addita insuper veteranorum colonia. quaedam
civitates Togidumno regi donatae (is ad nostram usque
memoriam fidissimus mansit), vetere ac iam pridem re-
cepta populi Romani consuetudine, ut haberet instru-
2 menta servitutis et reges. mox Didius Gallus parta a prio-
ribus continuit, paucis admodum castellis in ulteriora
promotis, per quae fama aucti officii quaereretur. Di-
dium Veranius excepit, isque intra annum exstinctus est.
3 Suetonius hinc Paulinus biennio prosperas res habuit, sub-
actis nationibus firmatisque praesidiis; quorum fiducia
Monam insulam ut vires rebellibus ministrantem adgres-
sus terga occasioni patefecit.
1 15. Namque absentia legati remoto metu Britanni agi-
tare inter se mala servitutis, conferre iniurias et inter-
pretando accendere: nihil profici patientia nisi ut gravio-
2 ra tamquam ex facili tolerantibus imperentur. singulos
sibi olim reges fuisse, nunc binos imponi, e quibus lega-
tus in sanguinem, procurator in bona saeviret. aeque dis-
cordiam praepositorum, aeque concordiam subiectis exi-
tiosam. alterius manum centuriones, alterius servos vim

3 domitae gentes *Puteolanus* : domitiae gentis H (gentes H^{c}) A B **5** plautius H (*Rhenanus*) : plantius A B : plancius A^{m} **9** togidūno H^{m} (*v. Murgia, Class. Philol. 72, 1977, 339*) : cogidumno H A : cogidunno B **10** mansit vetere . . . ut haberet *Rhenanus* : mansit ut vetere . . . haberet H (-sit ut uet- *in ras.*) A B **12** et *om.* B reges *Rhenanus* : regis H A B parta priore H^{m} **18** Nomam B **22** sapientia B **23** imperantur B **24** e H^{c} A B : et H **27** manum H (-um *per compendium, quod edd. perperam in* -us *solvunt*) A B : manus A^{c}; *vox mihi suspecta; an* nomine *coniciendum?* centuriones *Rhenanus* : centurionis H A B

et contumelias miscere. nihil iam cupiditati, nihil libidi-
3 ni exceptum. in proelio fortiorem esse qui spoliet; nunc
ab ignavis plerumque et imbellibus eripi domos, abstrahi
liberos, iniungi dilectus tamquam mori tantum pro
patria nescientibus. quantulum enim transisse militum,
si et se Britanni numerent? sic Germanias excussisse iu-
4 gum; et flumine, non Oceano defendi. sibi patriam con-
iuges parentes, illis avaritiam et luxuriam causas belli
esse. recessuros, ut divus Iulius recessisset, modo virtu-
tem maiorum suorum aemularentur. neve proelii unius
aut alterius eventu pavescerent; plus impetus felicibus,
5 maiorem constantiam penes miseros esse. iam Britanno-
rum etiam deos misereri, qui Romanum ducem absen-
tem, qui relegatum in alia insula exercitum detinerent;
iam ipsos, quod difficillimum fuerit, deliberare. porro in
eius modi consiliis periculosius esse deprehendi quam
audere.

1 16. His atque talibus in vicem instincti, Boudicca ge-
neris regii femina duce (neque enim sexum in imperiis
discernunt) sumpsere universi bellum, ac sparsos per ca-
stella milites consectati, expugnatis praesidiis ipsam co-
loniam invasere ut sedem servitutis, nec ullum in bar-
2 baris ingeniis saevitiae genus omisit ira et victoria. quod
nisi Paulinus cognito provinciae motu propere subvenis-
set, amissa Britannia foret. quam unius proelii fortuna
veteri patientiae restituit, tenentibus arma plerisque, quos
conscientia defectionis et proprius ex legato timor agita-
bat, ne quamquam egregius cetera adroganter in deditos

1 ciere H^{m} **3** diripi *Heinsius* (*sed cf. ann. 14,31,3*) **4** dilectus H : delectus A B **6** et se H : sese H^{c} A B **11** felicibus H (*Novák*) : *om.* A B **18** Boudicca *Haase* (*cf. ann. 14,37,2*) : uoadicca H : bouid|icta H^{m} : Voadicca A : Voaduca B **23** ingeniis *om.* A B (*v. Mus. Helv. 27, 1970, 231*[25]) **26** plerique B **27** proprius H (*Rhenanus*) : propius A B **28** ne quamquam *quidam apud Walch* (*sed sic accipiendum videtur* nequam H^{m} A^{m}) : nequaquam H A B

3 et ut suae cuiusque iniuriae ultor durius consuleret. mis-
sus igitur Petronius Turpilianus tamquam exorabilior et
delictis hostium novus eoque paenitentiae mitior, com-
positis prioribus nihil ultra ausus Trebellio Maximo pro-
vinciam tradidit. Trebellius segnior et nullis castrorum
experimentis comitate quadam curandi provinciam te-
nuit. didicere iam barbari quoque ignoscere vitiis
blandientibus, et interventus civilium armorum praebuit
iustam segnitiae excusationem; sed discordia laboratum,
4 cum adsuetus expeditionibus miles otio lasciviret. Tre-
bellius, fuga ac latebris vitata exercitus ira indecorus at-
que humilis, precario mox praefuit, ac velut pacta exer-
citus licentia ducis salute, [et] seditio sine sanguine stetit.
5 nec Vettius Bolanus, manentibus adhuc civilibus bellis,
agitavit Britanniam disciplina: eadem inertia erga hostes,
similis petulantia castrorum, nisi quod innocens Bolanus
et nullis delictis invisus caritatem paraverat loco aucto-
ritatis.
1 17. Sed ubi cum cetero orbe Vespasianus et Britan-
niam recuperavit, magni duces, egregii exercitus, minuta
hostium spes. et terrorem statim intulit Petilius Cerialis,
Brigantum civitatem, quae numerosissima provinciae to-
tius perhibetur, adgressus. multa proelia, et aliquando

1 cuiusque *Wex* (*i. e. timebant, ne P. singulorum iniurias ulcisceretur*) : eiusque H A B dubius H^{m} **3** nouus eoque H^{c} A : nouusque H : nouis eoque B **4** ausis B **9** seuitiae accusationem B **10** lasciuiret H^{c} B : lasciui sed H : lasciueret A **11** indecoris A B **12** praefuit H^{c} A : praebuit H : fuit B facta ('*immo* pacta' *Halm*) exercitus licentia ducis salute H (*expunctum*) A^{m} : pacti exercitus licentiam dux salutem H^{m} A : pacti exercitus licentiam dux salute B (*v. Till Handschr. Unters. 48sq.*) **13** et *secl. John, Wochenschr. f. klass. Phil. 34, 1917, 322* **14** uettius H : uectius A B Bolanus B : uolanus H A **15** eadem H A : et eadem B **16** Bolanus B : uolanus H Volanus A **20** minuta H^{c} A B : minutae H **21** Cerialis *Lipsius* : c(a)erealis H A B (*item 17,2*) **22** Brigantum *Puteolanus* : bregantum H A B **23** perhiberet B

non incruenta; magnamque Brigantum partem aut vic-
2 toria amplexus est aut bello. et Cerialis quidem alterius
successoris curam famamque obruisset: subiit sustinuit-
que molem Iulius Frontinus, vir magnus, quantum lice-
bat, validamque et pugnacem Silurum gentem armis sub-
egit, super virtutem hostium locorum quoque diffi-
cultates eluctatus.
1 18. Hunc Britanniae statum, has bellorum vices media
iam aestate transgressus Agricola invenit, cum et milites
velut omissa expeditione ad securitatem et hostes ad oc-
casionem verterentur. Ordovicum civitas haud multo
ante adventum eius alam in finibus suis agentem prope
2 universam obtriverat, eoque initio erecta provincia. et qui-
bus bellum volentibus erat, probare exemplum ac recen-
tis legati animum opperiri, cum Agricola, quamquam
transvecta aestas, sparsi per provinciam numeri, prae-
sumpta apud militem illius anni quies, tarda et contra-
ria bellum incohaturo, et plerisque custodiri suspecta po-
tius videbatur, ire obviam discrimini statuit, contractis-
que legionum vexillis et modica auxiliorum manu, quia
in aequum degredi Ordovices non audebant, ipse ante ag-
men, quo ceteris par animus simili periculo esset, erexit
3 aciem. caesaque prope universa gente, non ignarus in-
standum famae ac, prout prima cessissent, terrorem ce-
teris fore, Monam insulam, ⟨a⟩ cuius possessione revo-
catum Paulinum rebellione totius Britanniae supra me-
4 moravi, redigere in potestatem animo intendit. sed, ut in

1 Brigantum *Puteolanus* : bregantum H : Bregantium A (i *deletum*) B **3** subiit sustinuitque H^c (*Weissenborn, Halm*) : sustinuitque H A B (*v. Mus. Helv. 27, 1970,* 231^{25} *et quae Büchner recte contra Till disputavit ad l.*) **5** gentem armis H^c A B : armis gentem H **6** locorum quoque H A : locorumque B **8** Britannia B **11** uerterentur B : uterentur H A **21** degredi H (*Acidalius*) : digredi A B **22** animus H^c A B : animo H **25** Nomam B ⟨a⟩ *Croll* **27** potestate B

subitis consiliis, naves deerant. ratio et constantia ducis transvexit. depositis omnibus sarcinis lectissimos auxiliarium, quibus nota vada et patrius nandi usus, quo simul seque et arma et equos regunt, ita repente immisit, ut obstupefacti hostes, qui classem, qui naves, qui mare exspectabant, nihil arduum aut invictum crediderint sic
5 ad bellum venientibus. ita petita pace ac dedita insula clarus ac magnus haberi Agricola, quippe cui ingredienti provinciam, quod tempus alii per ostentationem et officiorum ambitum transigunt, labor et periculum placuis-
6 set. nec Agricola prosperitate rerum in vanitatem usus expeditionem aut victoriam vocabat victos continuisse; ne laureatis quidem gesta prosecutus est, sed ipsa dissimulatione famae famam auxit, aestimantibus quanta futuri spe tam magna tacuisset.

1 19. Ceterum animorum provinciae prudens, simulque doctus per aliena experimenta parum profici armis, si
2 iniuriae sequerentur, causas bellorum statuit excidere. a se suisque orsus primam domum suam coercuit, quod plerisque haud minus arduum est quam provinciam regere. nihil per libertos servosque publicae rei, non studiis privatis nec ex commendatione aut precibus centurionem militesve ⟨ad⟩scire, sed optimum quemque fidissimum
3 putare. omnia scire, non omnia exsequi. parvis peccatis veniam, magnis severitatem commodare; nec poena semper, sed saepius paenitentia contentus esse; officiis et administrationibus potius non peccaturos praeponere, quam

1 subitis H (*Gronov*) : dubiis A B **2** transuex̄ H : tranuex̄ H^c A : tranare extra B **3** patrius H : prĩus A : prius B **7** potita B **11** prosperitate H^c A B : peritate H **12** continuisse ne H^c A : continuit sine H : continuisse nec B **18** incuriae B **19** primum B **21** libertos H (*Puteolanus*) : liberos A B priuatis H : priuatus H^m : priuat$\overset{y}{i}$s A : priuatius B **23** militesve ascire *Wex* (centurionum milites ascire *iam Puteolanus*) : milites nescire H^c A B : milites scire H

4 damnare cum peccassent. frumenti et tributorum exac-
tionem aequalitate munerum mollire, circumcisis quae
in quaestum reperta ipso tributo gravius tolerabantur.
namque per ludibrium adsidere clausis horreis et emere
ultro frumenta ac luere pretio cogebantur; divortia iti-
nerum et longinquitas regionum indicebatur, ut civitates
proximis hibernis in remota et avia deferrent, donec
quod omnibus in promptu erat paucis lucrosum fieret.
1 20. Haec primo statim anno comprimendo egregiam
famam paci circumdedit, quae vel incuria vel intoleran-
2 tia priorum haud minus quam bellum timebatur. sed ubi
aestas advenit, contracto exercitu multus in agmine, lau-
dare modestiam, disiectos coercere; loca castris ipse ca-
pere, aestuaria ac silvas ipse praetemptare; et nihil inte-
rim apud hostes quietum pati, quo minus subitis ex-
cursibus popularetur, atque ubi satis terruerat, parcendo
3 rursus invitamenta pacis ostentare. quibus rebus multae
civitates, quae in illum diem ex aequo egerant, datis obsi-
dibus iram posuere, et praesidiis castellisque circumda-
tae, tanta ratione curaque, ut nulla ante Britanniae nova
pars ⟨pariter⟩ inlacessita transierit.
1 21. Sequens hiems saluberrimis consiliis adsumpta.
namque ut homines dispersi ac rudes eoque in bella fa-
ciles quieti et otio per voluptates adsuescerent, hortari
privatim, adiuvare publice, ut templa fora domos exstrue-

1 exactionem H^m^ A^m^ B : auctionem H A B^m^ (auctionēꝑhae qualitate H, *inde* in aequalitate A B) **2** circumcisis quae H^c^ (*Rhenanus*) : circumcisisque H A B **4** adsidere H^c^ A B : adsedere H **5** luere H (*Wex*) : ludere A B **7** ⟨pro⟩ proximis *Bezzenberger* **10** incuria H^c^ A^c^ B : sine curia H : in curia A **12** multus H A : multum A^c^ B **16** popularēt B **17** invitamenta *quidam apud Acidalium* : irritamenta H A B **20** tanta H (*Rhenanus*) : et tanta H^c^ A B : sunt, tanta *Dronke, recte ut opinor* **21** ⟨pariter⟩ *Fröhlich et Weissenborn, alii alia* **22** saluberrimus B absumpta *Puteolanus, edd. vett. et recc.* **23** in bella *Bosius* : in bello H A B : bello *Rhenanus* **24** et otio H^m^ A B : in otio H

rent, laudando promptos, castigando segnes. ita honoris
2 aemulatio pro necessitate erat. iam vero principum filios
liberalibus artibus erudire, et ingenia Britannorum studiis Gallorum anteferre, ut qui modo linguam Romanam abnuebant, eloquentiam concupiscerent. inde etiam habitus nostri honor et frequens toga; paulatimque discessum ad delenimenta vitiorum, porticus et balinea et conviviorum elegantiam. idque apud imperitos humanitas vocabatur, cum pars servitutis esset.
1 22. Tertius expeditionum annus novas gentes aperuit, vastatis usque ad Taum (aestuario nomen est) nationibus. qua formidine territi hostes quamquam conflictatum saevis tempestatibus exercitum lacessere non ausi, po-
2 nendisque insuper castellis spatium fuit. adnotabant periti non alium ducem opportunitates locorum sapientius legisse; nullum ab Agricola positum castellum aut vi hostium expugnatum aut pactione ac fuga desertum; [crebrae eruptiones] nam adversus moras obsidionis an-
3 nuis copiis firmabantur. ita intrepida ibi hiems, ⟨crebrae eruptiones⟩ et sibi quisque praesidio, inritis hostibus eoque desperantibus, quia soliti plerumque damna aestatis hibernis eventibus pensare tum aestate atque hieme iux-
4 ta pellebantur. nec Agricola umquam per alios gesta avidus intercepit; seu centurio seu praefectus incorruptum facti testem habebat. apud quosdam acerbior in conviciis narrabatur: ut erat comis bonis, ita adversus malos iniu-

1 castigando H : et castigando A B honoris aemulatio H^{c} A B : honor et aemulatio H **7** delenimenta H : delinimenta A : deliniamenta B balinea H A^{c} : balnea H^{m} A : balneas B **11** taum H^{m} A^{m} : tanaum H A B (*v. Ogilvie-Richmond 57*) **14** castellis H A B : telis H^{m} A^{m} **16** ab agricola H^{cm} A B : agricola H **17** ac H A : aut H^{m} B **18** crebrae eruptiones *post* hiemes *transposuerunt Schömann et Halm; frustra codicis ordinem defendere conatur Ogilvie* **23** auidius B **25** conuiciis H^{m} A^{c} : conuitiis H : conuiuiis A B **26** et erat ut *Henrichsen*

cundus. ceterum ex iracundia nihil supererat secretum, ut silentium eius non timeres: honestius putabat offendere quam odisse.

23. Quarta aestas obtinendis quae percucurrerat insumpta; ac si virtus exercitus et Romani nominis gloria pateretur, inventus in ipsa Britannia terminus. namque Clota et Bodotria diversi maris aestibus per immensum revectae, angusto terrarum spatio dirimuntur; quod tum praesidiis firmabatur atque omnis propior sinus tenebatur, summotis velut in aliam insulam hostibus.

1 24. Quinto expeditionum anno † nave prima † trans-
gressus ignotas ad id tempus gentes crebris simul ac pro-
speris proeliis domuit; eamque partem Britanniae quae
Hiberniam aspicit copiis instruxit, in spem magis quam
ob formidinem, si quidem Hibernia, medio inter Britan-
niam atque Hispaniam sita et Gallico quoque mari op-
portuna, valentissimam imperii partem magnis in vicem
2 usibus miscuerit. spatium eius, si Britanniae comparetur,
angustius, nostri maris insulas superat. solum caelumque
et ingenia cultusque hominum haud multum a Britannia
differunt, in melius aditus portusque, per commercia et
3 negotiatores cogniti. Agricola expulsum seditione dome-
stica unum ex regulis gentis exceperat ac specie amicitiae
in occasionem retinebat. saepe ex eo audivi legione una
et modicis auxiliis debellari obtinerique Hiberniam pos-
se; idque etiam adversus Britanniam profuturum, si Ro-
mana ubique arma, et velut e conspectu libertas tollere-
tur.

1 supererat H^c A B : erat H **4** percurrerat B **5** exercitus H : exercituum H^c A B gloria *om.* B **6** Britanniae *Shaw-Smith, Class. Quart. 29, 1979, 224* **9** proprior H B **11** Anavam amnem (*pro* nave prima) *Murgia, Class. Phil. 72, 1977, 341; alii alia* **15** ob H A : in B **17** (u)o(lentissimam) H^m **21** differunt *Rhenanus* : differt H A B *sic distinxi*, in melius *sc.* differunt (*cf. ann. 12, 33 et Murgia, California Studies in Class. Ant. 11, 1978 [1979], 163*) : in melius *secl. Wex* : in *secl. Rhenanus, alii* : in⟨teriora parum⟩, melius *Halm* per H A : et B **23** gente H^m

1 25. Ceterum aestate, qua sextum officii annum inco-
habat, amplexus civitates trans Bodotriam sitas, quia mo-
tus universarum ultra gentium et infesta hostibus exer-
citus itinera timebantur, portus classe exploravit; quae
ab Agricola primum adsumpta in partem virium seque-
batur egregia specie, cum simul terra, simul mari bellum
impelleretur, ac saepe isdem castris pedes equesque et
nauticus miles mixti copiis et laetitia sua quisque facta,
suos casus attollerent, ac modo silvarum ac montium pro-
funda, modo tempestatum ac fluctuum adversa, hinc ter-
ra et hostis, hinc victus Oceanus militari iactantia com-
2 pararentur. Britannos quoque, ut ex captivis audiebatur,
visa classis obstupefaciebat, tamquam aperto maris sui
3 secreto ultimum victis perfugium clauderetur. ad manus
et arma conversi Caledoniam incolentes populi magno
paratu, maiore fama, uti mos est de ignotis, oppugnare
ultro castellum adorti, metum ut provocantes addiderant,
regrediendumque citra Bodotriam et cedendum potius
quam pellerentur ignavi specie prudentium admonebant,
cum interim cognoscit hostes pluribus agminibus inrup-
4 turos. ac ne superante numero et peritia locorum circum-
iretur, diviso et ipse in tres partes exercitu incessit.
1 26. Quod ubi cognitum hosti, mutato repente consilio
universi nonam legionem ut maxime invalidam nocte

1 cohabat B **2** bodotriam H^{m} A B : uodotriam H **3** hostibus exercitus *Becker* (*cf. Suet. Aug. 8,1* per infestas hostibus vias) : hostilis exercitus H A B : hostili exercitu H^{m} (*Rhenanus*) **4** timebant B **5** uirium H A B : uinum H^{m} **7** impelleretur *Rhenanus* : impellitur H A B **8** mixtu (*ut videtur*) H^{m} **9** siluarum ac montium H^{c} A B : ac *om.* H **15** Caledoniam *Rhenanus* : calidoniam H A B incolentes H^{c} : incolentis H A B magno paratu H : paratu magno A B **16** oppugnare H (*Rhenanus*), *littera* r *forma peculiari fere ut in scriptura Beneventana scripta, unde* oppugnasse T A B **17** castellum H $A^{v.l.}$: castella H^{m} A B **18** et (cedendum) H^{m} : excedendum H : et excedendum A B **23** cognitum H^{c} A B : incognitum H **24** noctem B

adgressi inter somnum ac trepidationem caesis vigilibus inrupere. iamque in ipsis castris pugnabatur, cum Agricola, iter hostium ab exploratoribus edoctus et vestigiis insecutus, velocissimos equitum peditumque adsultare tergis pugnantium iubet, mox ab universis adici clamo-
2 rem; et propinqua luce fulsere signa. ita ancipiti malo territi Britanni; et nonanis rediit animus, ac securi pro salute de gloria certabant. ultro quin etiam erupere, et fuit atrox in ipsis portarum angustiis proelium, donec pulsi hostes, utroque exercitu certante, his, ut tulisse opem, illis, ne eguisse auxilio viderentur. quod nisi paludes et silvae fugientes texissent, debellatum illa victoria foret.

1 27. Cuius conscientia ac fama ferox exercitus nihil virtuti suae invium et penetrandam Caledoniam inveniendumque tandem Britanniae terminum continuo proeliorum cursu fremebant. atque illi modo cauti ac sapientes prompti post eventum ac magniloqui erant. iniquissima haec bellorum condicio est: prospera omnes
2 sibi vindicant, adversa uni imputantur. at Britanni non virtute se victos, sed occasione et arte ducis rati, nihil ex adrogantia remittere, quo minus iuventutem armarent, coniuges ac liberos in loca tuta transferrent, coetibus et sacrificiis conspirationem civitatum sancirent. atque ita inritatis utrimque animis discessum.

1 28. Eadem aestate cohors Usiporum per Germanias conscripta et in Britanniam transmissa magnum ac me-

4 peditumque H^c A B : que *om.* H **7** nonanis H : romanis H^c (*manus recens*) A B rediit *Wex* : redit H A B **8** erupere H B A^c : irrupere A *edd. vett.* **10** hostes H^m A B : hostis H ut tulisse H (*Puteolanus*) : intulisse H^c (*manus recens*) A B **12** rexissent B **14** conscientia H^c A B : conscientiae H **15** penetrandum B Caledoniam *Puteolanus* : calydoniam H : calidoniam A B **17** proeliorum *Rhenanus* : proelium H A B **19** omnes H^c A B : omnis H **21** se victos H (*Fröhlich, Halm, post* ducis *suppleverat Brotier*) : *om.* A B **23** et H : ac A B **24** ciuitatium B **26** Usipiorum B *edd. vett.* **27** britanniam A B : brittanias H : britannias H^c

morabile facinus ausa est. occiso centurione ac militibus,
qui ad tradendam disciplinam immixti manipulis exem-
plum et rectores habebantur, tres liburnicas adactis per
vim gubernatoribus ascendere; et uno † remigante † su-
spectis duobus eoque interfectis, nondum vulgato rumo-
2 re ut miraculum praevehebantur. mox ⟨ubi⟩ ad aquam
atque ut⟨ens⟩ilia rapt⟨um ex⟩isse⟨nt⟩, cum plerisque Bri-
tannorum sua defensantium proelio congressi ac saepe
victores, aliquando pulsi, eo ad extremum inopiae vene-
re, ut infirmissimos suorum, mox sorte ductos ve-
3 scerentur. atque ita circumvecti Britanniam, amissis per
inscitiam regendi navibus, pro praedonibus habiti, pri-
mum a Suebis, mox a Frisiis intercepti sunt. ac fuere
quos per commercia venumdatos et in nostram usque ri-
pam mutatione ementium adductos indicium tanti casus
inlustravit.
1 29. Initio ⟨insequentis⟩ aestatis Agricola domestico vul-
nere ictus anno ante natum filium amisit. quem casum
neque ut plerique fortium virorum ambitiose, neque per
lamenta rursus ac maerorem muliebriter tulit; et in luctu
2 bellum inter remedia erat. igitur praemissa classe, quae
pluribus locis praedata magnum et incertum terrorem
faceret, expedito exercitu, cui ex Britannia fortissimos et
longa pace exploratos addiderat, ad montem Graupium
3 pervenit, quem iam hostis insederat. nam Britanni nihil

2 immixti H (*Puteolanus*) : immixtis H^{cm} A B **3** tres H A^{c} : tris A B **4** uno eorum (*vel* horum) negante *conieci Mus. Helv. 27, 1970, 236, alii alia; fortasse* uno recusante (*cf. Liv. 32, 3, 3*) **6** praeuehebantur H A B : praebebantur H^{m} A^{m} ⟨ubi⟩ *Heraeus* aquam H^{c} A B : quam H **7** utensilia *Selling* (*v. Till, Gnomon 38, 1966, 172*) : utilla H : ut illa A B raptum exissent, cum *Till, Handschr. Unters. 58sq.* (raptum issent, cum *Eussner*) : raptis secum H A B **10** mox H A : morum B **12** primum H A : primo dum B **17** ⟨insequentis⟩ *Koestermann* (⟨sequentis⟩ *Ernesti*), septimae (VII) *ante* initio *Brotier* **20** in luctu H A B : inlustrans H^{m} **22** praedata H^{c} A^{c} B : praedatum H : praedatam A **24** Grampium *Puteolanus, edd. vett.*

fracti pugnae prioris eventu et ultionem aut servitium
exspectantes tandemque docti commune periculum con-
cordia propulsandum, legationibus et foederibus om-
4 nium civitatium vires exciverant. iamque super triginta
milia armatorum aspiciebantur, et adhuc adfluebant om-
nis iuventus et quibus cruda ac viridis senectus, clari bel-
lo et sua quisque decora gestantes, cum inter plures duces
virtute et genere praestans nomine Calgacus apud con-
tractam multitudinem proelium poscentem in hunc mo-
dum locutus fertur:
1 30. 'Quotiens causas belli et necessitatem nostram in-
tueor, magnus mihi animus est hodiernum diem con-
sensumque vestrum initium libertatis toti Britanniae fo-
re; nam et universi † coistis et † servitutis expertes et
nullae ultra terrae ac ne mare quidem securum immi-
nente nobis classe Romana. ita proelium atque arma,
quae fortibus honesta, eadem etiam ignavis tutissima
2 sunt. priores pugnae, quibus adversus Romanos varia
fortuna certatum est, spem ac subsidium in nostris ma-
nibus habebant, quia nobilissimi totius Britanniae eoque
in ipsis penetralibus siti nec ulla servientium litora aspi-
cientes, oculos quoque a contactu dominationis invio-
3 latos habebamus. nos terrarum ac libertatis extremos re-
cessus ipse ac sinus famae in hunc diem defendit; nunc
terminus Britanniae patet, atque omne ignotum pro ma-

4 ciuitatum A **5** adfluebant H : adfluebat H^c A B **6** uiridis H^c (*manus recens*) A B : uiris H : uirens H^m A^m **12** hodiernum diem consensumque (-usque B) uestrum H^c A B : consensumque uestrum hodiernum diem H **14** coistis et H (*?* co/ /tis et; *quid sub rasura aut macula lateat incertum* : colitis et *legit Crullus, qui codicem Toletanum scripsit*) : *om.* A B : et *del. Gudeman* (*an* etiam, *i. e.* adhuc, *scribendum? cf. 37,1 et ann. 14,31,2*) **19** ac H A B : ad H^m nauibus B **21** ulla *om.* A B **22** contactu H A B : conpactu H^m **24** nunc H^c A B : tum H **25** patet H^c A B : paret H atque ... sed *post* defendit *transposuerunt Bosius, Bruys (apud Brotier), alii, recte ut opinor*

gnifico est; sed nulla iam ultra gens, nihil nisi fluctus ac
saxa, et infestiores Romani, quorum superbiam frustra
4 per obsequium ac modestiam effugias. raptores orbis,
postquam cuncta vastantibus defuere terrae, mare scru-
tantur; si locuples hostis est, avari, si pauper, ambitiosi,
quos non Oriens, non Occidens satiaverit; soli omnium
opes atque inopiam pari adfectu concupiscunt. auferre
trucidare rapere falsis nominibus imperium, atque ubi
solitudinem faciunt, pacem appellant.
1 31. Liberos cuique ac propinquos suos natura carissi-
mos esse voluit: hi per dilectus alibi servituri auferuntur;
coniuges sororesque etiam si hostilem libidinem effuge-
runt, nomine amicorum atque hospitum polluuntur.
bona fortunaeque in tributum, ager atque annus in fru-
mentum, corpora ipsa ac manus silvis ac paludibus emu-
2 niendis inter verbera et contumelias conteruntur. nata
servituti mancipia semel veneunt, atque ultro a dominis
aluntur: Britannia servitutem suam cottidie emit, cottidie
pascit. ac sicut in familia recentissimus quisque servo-
rum etiam conservis ludibrio est, sic in hoc orbis terra-
rum vetere famulatu novi nos et viles in excidium peti-
mur; neque enim arva nobis aut metalla aut portus sunt,
3 quibus exercendis reservemur. virtus porro ac ferocia sub-
iectorum ingrata imperantibus; et longinquitas ac se-
cretum ipsum quo tutius, eo suspectius. ita sublata spe
veniae tandem sumite animum, tam quibus salus quam
4 quibus gloria carissima est. Brigantes femina duce ex-
urere coloniam, expugnare castra, ac nisi felicitas in so-

1 ac H : et A B **3** effugias H : effugeris A B **4** terrae mare H : terram et mare H^c A B (terrae, et mare *Rhenanus*) **11** dilectus H : delectus H^c A B **12** effugerunt H : effugiant A B **14** fortunaeque H : fortunae quae H^c A B ageratque H (ager atque *Jacob*) : aggerat A B **16** et H : ac A B conteruntur *Jacob, Fröhlich* : conterunt H A B **20** etiam *om.* B **27** clarissima B **28** et expugnare B

cordiam vertisset, exuere iugum potuere. nos integri et indomiti et in libertatem, non in paenitentiam † laturi † primo statim congressu ostendamus, quos sibi Caledonia viros seposuerit.

1 32. An eandem Romanis in bello virtutem quam in pace lasciviam adesse creditis? nostris illi dissensionibus ac discordiis clari vitia hostium in gloriam exercitus sui vertunt; quem contractum ex diversissimis gentibus ut secundae res tenent, ita adversae dissolvent, nisi si Gallos et Germanos et (pudet dictu) Britannorum plerosque, licet dominationi alienae sanguinem commodent, diutius tamen hostes quam servos, fide et adfectu teneri putatis.
2 metus ac terror est, infirma vincla caritatis; quae ubi removeris, qui timere desierint, odisse incipient. omnia victoriae incitamenta pro nobis sunt: nullae Romanos coniuges accendunt, nulli parentes fugam exprobraturi sunt; aut nulla plerisque patria aut alia est. paucos numero, trepidos ignorantia, caelum ipsum ac mare et silvas, ignota omnia circumspectantes, clausos quodam modo ac
3 vinctos di vobis tradiderunt. ne terreat vanus aspectus et auri fulgor atque argenti, quod neque tegit neque vulnerat. in ipsa hostium acie inveniemus nostras manus: agnoscent Britanni suam causam, recordabuntur Galli priorem libertatem, tam deserent illos ceteri Germani, quam nuper Usipi reliquerunt. nec quicquam ultra formidinis: vacua castella, senum coloniae, inter male parentes

2 iurati *conieci Mus. Helv. 27, 1970, 237, alii alia* **3** caledonia B : calydonia H : calidonia A **10** dictu H^c A B : dicto H **11** commodent *Puteolanus* : commendent H A B **13** metus ac terror sunt infirma vincla *Beroaldus, edd. vett. et recc.* (*contra recte Wex et Reitzenstein*) **16** exprobraturi A^c B : exprobaturi H A **18** trepidos H (*Heumann*) : circum trepidos H^c A B siluis B **20** uobis H A B : nobis *Puteolanus* **24** itam (tam H^c) deserent . . . quam H : deserent . . . tam quam H^m : deserent . . . tamquam A B **25** Usipii B nec quicquam H^c : nequicquam H A : nequaquam B **26** senium B

4 et iniuste imperantes aegra municipia et discordantia. hic
dux, hic exercitus; ibi tributa et metalla et ceterae servien-
tium poenae, quas in aeternum perferre aut statim ulcisci
in hoc campo est. proinde ituri in aciem et maiores ve-
stros et posteros cogitate.'
1 33. Excepere orationem alacres, ut barbaris moris, fre-
mitu cantuque et clamoribus dissonis. iamque agmina et
armorum fulgores audentissimi cuiusque procursu; simul
instruebatur acies, cum Agricola quamquam laetum et vix
munimentis coercitum militem accendendum adhuc ra-
2 tus ita disseruit: 'septimus annus est, commilitones, ex quo
⟨vestra⟩ virtute et auspiciis imperii Romani, fide atque
opera nostra Britanniam vicistis. tot expeditionibus, tot
proeliis, seu fortitudine adversus hostes seu patientia ac
labore paene adversus ipsam rerum naturam opus fuit,
3 neque me militum neque vos ducis paenituit. ergo egres-
si, ego veterum legatorum, vos priorum exercituum ter-
minos, finem Britanniae non fama nec rumore, sed ca-
4 stris et armis tenemus: inventa Britannia et subacta. equi-
dem saepe in agmine, cum vos paludes montesve et flu-
mina fatigarent, fortissimi cuiusque voces audiebam:
'quando dabitur hostis, quando † animus †?' veniunt, e
latebris suis extrusi, et vota virtusque in aperto, omnia-
5 que prona victoribus atque eadem victis adversa. nam ut
superasse tantum itineris, evasisse silvas, transisse aestu-

1 aegra municipia H A B : taetra mancipia H^{m} A^{m} **6** ⟨et⟩ ut *Walther* fremitu cantuque H : cantu fremituque A B **8** procursu H^{c} A B : procursus H **9** instruebatur H A B : instituebatur H^{m} A^{m} **10** munimentis H^{m} A^{m} B : monitis H A **11** septimus *Acidalius* : octauus H A B **12** vestra virtute et *Reitzenstein* : virtute vestra *Nipperdey* : virtute et H A B **17** exercituum H^{c} A B : exercitum H **22** acies *Rhenanus* : in manus *F. Walter, Philol. Wochenschr. 42, 1922, 382* (*sc.* venient, *quod verbum prius addendum esse coniecerat*) : *alii alia; fort. scribendum* agimus (*cf. e.g. hist. 1,41,2; ThLL 1,1389,60sqq.*) **23** omniaque H^{c} A B : omnia quae H **25** euasisse siluas H : siluas euasisse A B

aria pulchrum ac decorum in frontem, ita fugientibus
periculosissima quae hodie prosperrima sunt; neque
enim nobis aut locorum eadem notitia aut commeatuum
eadem abundantia, sed manus et arma et in his omnia.
6 quod ad me attinet, iam pridem mihi decretum est neque
exercitus neque ducis terga tuta esse. proinde et honesta
mors turpi vita potior, et incolumitas ac decus eodem
loco sita sunt; nec inglorium fuerit in ipso terrarum ac
naturae fine cecidisse.
1 34. Si novae gentes atque ignota acies constitisset, alio-
rum exercituum exemplis vos hortarer: nunc vestra de-
cora recensete, vestros oculos interrogate. hi sunt, quos
proximo anno nonam legionem furto noctis adgressos
clamore debellastis; hi ceterorum Britannorum fugacis-
2 simi ideoque tam diu superstites. quo modo silvas saltus-
que penetrantibus fortissimum quodque animal contra
ruere, pavida et inertia ipso agminis sono pellebantur, sic
acerrimi Britannorum iam pridem ceciderunt, reliquus
3 est numerus ignavorum et timentium. quos quod tandem
invenistis, non restiterunt, sed deprehensi sunt; novissi-
mae res et extremo metu torpor defixere aciem in his
vestigiis, in quibus pulchram et spectabilem victoriam
ederetis. transigite cum expeditionibus, imponite quin-
quaginta annis magnum diem, adprobate rei publicae
numquam exercitui imputari potuisse aut moras belli aut
causas rebellandi.'

1 ita *Rhenanus* : item H A B **2** periculosissima H^{c} A B : riculosissima H **11** exercituum H^{c} A B : exercitum H **13** nonam *E. Hübner* (*v. Mus. Helv. 27, 1970, 237*) : unam H A B **16** quodque A^{m} : quoque H A B **17** ruere H A B : ruebant H^{m} : ruebat *Andresen* : ruere ⟨videbatis⟩ *Reitzenstein, an* ruere . . . pell⟨i vid⟩ebantur*?* **18** reliquus H^{c} A B : reliquis H **19** et timentium *Till* : dem̄tium H : et metuentium H^{m} A B **21** torpor *Ritter et Madvig* : corpora H A B **25** inputari H (*Puteolanus*) : imputare A B **26** rebellandi H A B : bellandi H^{m}

1 35. Et adloquente adhuc Agricola militum ardor emi-
nebat, et finem orationis ingens alacritas consecuta est,
2 statimque ad arma discursum. instinctos ruentesque ita
disposuit, ut peditum auxilia, quae octo milium erant,
mediam aciem firmarent, equitum tria milia cornibus
adfunderentur. legiones pro vallo stetere, ingens victoriae
decus citra Romanum sanguinem bellandi, et auxilium,
3 si pellerentur. Britannorum acies in speciem simul ac ter-
rorem editioribus locis constiterat ita, ut primum agmen
in aequo, ceteri per adclive iugum conexi velut insurge-
rent; media campi covinnarius eques strepitu ac discursu
4 complebat. tum Agricola superante hostium multitudine
veritus, ne [simul] in frontem simul et latera suorum pug-
naretur, diductis ordinibus, quamquam porrectior acies
futura erat et arcessendas plerique legiones admonebant,
promptior in spem et firmus adversis, dimisso equo pe-
des ante vexilla constitit.

1 36. Ac primo congressu eminus certabatur; simulque constantia, simul arte Britanni ingentibus gladiis et brevibus caetris missilia nostrorum vitare vel excutere, atque ipsi magnam vim telorum superfundere, donec Agricola quattuor Batavorum cohortes ac Tungrorum duas cohortatus est, ut rem ad mucrones ac manus adducerent; quod et ipsis vetustate militiae exercitatum et hostibus inhabile [parva scuta et enormes gladios gerenti-

1 ardor eminebat H^c A B : ardorem inibat H **9** agmen in aequo *Bekker* : agminae quo H : agmine quo A B **10** quo ceteri H A B : quo steteri‿ H^m (*fort. in exemplari erat* steterunt *per compendium scriptum*) conexi *Puteolanus* (connexi) : conuexi H A B **11** conuinnarius H A : couinarius B (*v. adn. crit. ad 36,3*) **13** simul *secl. Fröhlich et Wex* altera B **15** arcessendas H A B : accersendas H^m **18** simulque H A B : simul A^c *Puteolanus, edd. vett.* **22** quattuor H : *om.* A B (tres *vel* quinque *suppleverant edd.*) batauorum H^m A^c B : uatauorum H^c A : uataeuorum H **23** mucrones ac H A^c B : mucronem et A **24** uetustate militiae A B : uetustatenniliae H **25** inhabile H^c A B : inabitabile H parva ... gerentibus *secl. Wex*

bus]; nam Britannorum gladii sine mucrone complexum
2 armorum et in arto pugnam non tolerabant. igitur ut Ba-
tavi miscere ictus, ferire umbonibus, ora fodere, et stratis
qui in aequo adstiterant, erigere in colles aciem coepere,
ceterae cohortes aemulatione et impetu conisae proximos
quosque caedere; ac plerique semineces aut integri festi-
3 natione victoriae relinquebantur. interim equitum tur-
mae, ⟨ut⟩ fugere covinnarii, peditum se proelio miscuere.
et quamquam recentem terrorem intulerant, densis ta-
men hostium agminibus et inaequalibus locis haerebant;
minimeque equestris iam pugnae facies erat, cum aegre
clivo adstantes simul equorum corporibus impellerentur;
ac saepe vagi currus, exterriti sine rectoribus equi, ut
quemque formido tulerat, transversos aut obvios in-
cursabant.
1 37. Et Britanni, qui adhuc pugnae expertes summa col-
lium insederant et paucitatem nostrorum vacui sperne-
bant, degredi paulatim et circumire terga vincentium coe-
perant, ni id ipsum veritus Agricola quattuor equitum
alas, ad subita belli retentas, venientibus opposuisset,
quantoque ferocius adcucurrerant, tanto acrius pulsos in

2 arto *Fr. de Medicis* (*a Lipsio laudatus*) : aperto H A B Bataui B : uataui A : uatabi H **3** fodere *Gesner* : foedare H A B stratis *Ernesti* : tratis H A B : tracis B^c : tractis *Puteolanus, edd. vett.* : foede recti trates uel traces H^m A^m **4** capere B **8** ⟨ut⟩ *Doederlein* fugere ⟨enim⟩ *Wex* couinnarii H B : conuinnarii A **9** quaquam recentes B **11** equestris H^c (*Rhenanus*) : equestres H A B iam *Halm (1854) post alios* : ea (ei H^m A^c) enim H A B : enim *secl. Rhenanus* aegre clivo adstantes *Halm* (*1854*) (a. c. stantes *Triller* a. c. instantes *Schömann*) : aegradiu autstante H : egra diu aut stante A B : aegre in gradu stantes *Ogilvie* : in gradu stantes *Rhenanus, alii alia* **16** expertes B : expertis H A **17** paucitatem H^c A B : paucitate H spernebant H^c A B : spernabant H **18** digredi B **21** accucurrerant H A : occurrerant B : accurrerant *Puteolanus* pulsos H^c A B : pulso H

2 fugam disiecisset. ita consilium Britannorum in ipsos ver-
sum, transvectaeque praecepto ducis a fronte pugnan-
tium alae aversam hostium aciem invasere. tum vero pa-
tentibus locis grande et atrox spectaculum: sequi vul-
3 nerare capere, atque eosdem oblatis aliis trucidare. iam
hostium, prout cuique ingenium erat, catervae armato-
rum paucioribus terga praestare, quidam inermes ultro
ruere ac se morti offerre. passim arma et corpora et laceri
artus, et cruenta humus; et aliquando etiam victis ira vir-
4 tusque. nam postquam silvis adpropinquaverunt, primos
sequentium incautos collecti et locorum gnari circum-
veniebant. quod ni frequens ubique Agricola validas
et expeditas cohortes indaginis modo, et sicubi artiora
erant, partem equitum dimissis equis, simul rariores silvas
equitem persultare iussisset, acceptum aliquod vulnus
5 per nimiam fiduciam foret. ceterum ubi compositos fir-
mis ordinibus sequi rursus videre, in fugam versi, non
agminibus, ut prius, nec alius alium respectantes: rari et
vitabundi in vicem longinqua atque avia petiere. finis
6 sequendi nox et satietas fuit. caesa hostium ad decem
milia; nostrorum trecenti sexaginta cecidere, in quis Au-
lus Atticus praefectus cohortis, iuvenili ardore et ferocia
equi hostibus inlatus.

5 oblatis H (*Rhenanus*) : ablatis A B **7** praestare H A B : praebere H^m **10** nam postquam ... appropinquaverunt *Andresen* : postquam ... appropinquaverunt nam H (*pro* nam *legitur in* A ntem *cum signo corruptelae, in* B item) **11** gnari *Peerlkamp* : ignari H A B **12** ni frequens H A : infrequens B **13** indaginis H^c A B : indagines H **14** dimissis equis simul H A B : dimissis qui simulati H^m **15** equitem persultare *Rhenanus* : equite persultari H A : equites perlustrari B **17** sequi H^c A B : seque H uersi H (*Puteolanus*) : uersis A B **20** satietas H : sacietas A : sauetas B decem milia A : X. mil. B : decemilia H **22** praefectus H A : praes. B iuuenili H^c A B : iuuenali H **23** inlatus H^c : illatus A B : inlati H

1 38. Et nox quidem gaudio praedaque laeta victoribus;
Britanni palantes mixto virorum mulierumque ploratu
trahere vulneratos, vocare integros, deserere domos ac
per iram ultro incendere, eligere latebras et statim relin-
quere; miscere in vicem consilia [aliqua], dein separare;
aliquando frangi aspectu pignorum suorum, saepius con-
citari. satisque constabat saevisse quosdam in coniuges ac
2 liberos, tamquam misererentur. proximus dies faciem vic-
toriae latius aperuit: vastum ubique silentium, secreti col-
les, fumantia procul tecta, nemo exploratoribus obvius.
quibus in omnem partem dimissis, ubi incerta fugae ve-
stigia neque usquam conglobari hostes compertum et
exacta iam aestate spargi bellum nequibat, in fines Bo-
3 restorum exercitum deducit. ibi acceptis obsidibus prae-
fecto classis circumvehi Britanniam praecipit. datae ad id
vires, et praecesserat terror. ipse peditem atque equites
lento itinere, quo novarum gentium animi ipsa transitus
4 mora terrerentur, in hibernis locavit. et simul classis se-
cunda tempestate ac fama Trucculensem portum tenuit,
unde proximo Britanniae latere praelecto omnis redierat.
1 39. Hunc rerum cursum, quamquam nulla verborum
iactantia epistulis Agricolae auctum, ut erat Domitiano
moris, fronte laetus, pectore anxius excepit. inerat con-

2 brittani H (*Puteolanus*) : Britannique A B mixto H : mixtoque A B **5** aliqua *secl. Classen et Wölfflin* **8** misererent B **9** ubique H^{c} A B : ibique H deserti *Ernesti, recte ut opinor* **11** dimissis H^{c} A B : demissis H **12** et exacta H^{c} A B : exacta H **14** deducit H A B : reducit H^{m} profecto B **18** terrentur B **19** trucculensem H A : trutulensem H^{m} A^{m} : trutulens est B (*ex* trutulensē H^{m}) : Rutupiensem *Lipsius* (Rutupensem *iam Rhenanus; v. Murgia, Class. Phil. 72, 1977, 339*) **20** unde ... redierat *obscurum* praelecto T : prelecta H praelecta A^{m} : lecto H^{m} A B omnis H : omni H^{c} A B **21** nulla H^{c} A : ulla H : in illa B **22** auctum *Lipsius* : actum H A B (ut erat) Domitiano moris H^{m} : ut Domitiano moris erat A : ut erat Domitianus H A^{m} : ut Domitianus erat B **23** excepit *Puteolanus* : excipit H A : cępit B

scientia derisui fuisse nuper falsum e Germania trium-
phum, emptis per commercia quorum habitus et crines
in captivorum speciem formarentur; at nunc veram ma-
gnamque victoriam tot milibus hostium caesis ingenti
2 fama celebrari. id sibi maxime formidolosum, privati ho-
minis nomen supra principem attolli. frustra studia fori
et civilium artium decus in silentium acta, si militarem
gloriam alius occuparet; cetera utcumque facilius dissi-
3 mulari, ducis boni imperatoriam virtutem esse. talibus
curis exercitus, quodque saevae cogitationis indicium
erat, secreto suo satiatus, optimum in praesentia statuit
reponere odium, donec impetus famae et favor exercitus
languesceret; nam etiamtum Agricola Britanniam obti-
nebat.
1 40. Igitur triumphalia ornamenta et inlustris statuae
honorem et quidquid pro triumpho datur, multo verbo-
rum honore cumulata, decerni in senatu iubet addique
insuper opinionem, Syriam provinciam Agricolae desti-
nari, vacuam tum morte Atili Rufi consularis et maiori-
2 bus reservatam. credidere plerique libertum ex secretio-
ribus ministeriis missum ad Agricolam codicillos, quibus
ei Syria dabatur, tulisse cum eo praecepto ut, si in Bri-
tannia foret, traderentur; eumque libertum in ipso freto

2 quorum H^{c} A B : quarum H crines *Puteolanus* : crinis H A B **3** formarentur H^{c} A B : formarent H at H^{c} A B : ad H **5** formidolosum A B : formidulosum H **6** principem H (*Nipperdey*) : principis A B **8** cetera H (*Wex*) : et cetera A B utcumque H^{c} A B : autcumque H **10** quodque H^{c} A : quoque H : quodue B saeuae H^{c} A B : saeuire H **11** praesentia H A B : praesens H^{m} **17** additque *Muretus* **19** Atili H^{c} (a-) A : atilli H : Actilii B **21** missum] *hac voce finitur quaternio veteris codicis, sed adnotationes* H^{m} *in margine foliorum 69 et 76 a Stephano Guarnieri rescriptorum exstant et pauca ipsius textus frustula legi possunt (v. Till, Handschr. Unters. 21sqq.)* **22** ei E A : eis B eo *om.* A B Britannia *Puteolanus* : Britanniam E A B

Oceani obvium Agricolae, ne appellato quidem eo ad
Domitianum remeasse, sive verum istud, sive ex ingenio
3 principis fictum ac compositum est. tradiderat interim
Agricola successori suo provinciam quietam tutamque.
ac ne notabilis celebritate et frequentia occurrentium in-
troitus esset, vitato amicorum officio noctu in urbem,
noctu in Palatium, ita ut praeceptum erat, venit; excep-
tusque brevi osculo et nullo sermone turbae servientium
4 immixtus est. ceterum uti militare nomen, grave inter
otiosos, aliis virtutibus temperaret, tranquillitatem atque
otium penitus hausit, cultu modicus, sermone facilis, uno
aut altero amicorum comitatus, adeo ut plerique, quibus
magnos viros per ambitionem aestimare mos est, viso
aspectoque Agricola quaererent famam, pauci interpre-
tarentur.

1 41. Crebro per eos dies apud Domitianum absens ac-
cusatus, absens absolutus est. causa periculi non crimen
ullum aut querela laesi cuiusquam, sed infensus virtuti-
bus princeps et gloria viri ac pessimum inimicorum ge-
2 nus, laudantes. et ea insecuta sunt rei publicae tempora,
quae sileri Agricolam non sinerent: tot exercitus in Moe-
sia Daciaque et Germania et Pannonia temeritate aut per
ignaviam ducum amissi, tot militares viri cum tot co-
hortibus expugnati et capti; nec iam de limite imperii et
ripa, sed de hibernis legionum et possessione dubitatum.
3 ita cum damna damnis continuarentur atque omnis an-
nus funeribus et cladibus insigniretur, poscebatur ore vul-
gi dux Agricola, comparantibus cunctis vigorem, constan-
tiam et expertum bellis animum cum inertia et for-
4 midine eorum, ⟨...⟩. quibus sermonibus satis constat

7 praetemptum B **8** turbae *om.* B **11** hausit *Wex* : auxit E A B **21** Moesia E (*Lipsius*) : Misia A B **23** tot (H) E^{m} A B: totis H^{m} E **25** possessionum B **28** uigorem et constantiam B **29** cum inertia et formidine (H) E A B : inertiae et formidini H^{m} E^{m} A^{m} **30** eorum E A B : aliorum *Croll* (ceterorum *Grotius*) : illorum *Schütz, alii* : *lacunam statuit Bach, quam sic explevit Halm:* quibus exercitus committi solerent

Domitiani quoque aures verberatas, dum optimus quis-
que libertorum amore et fide, pessimi malignitate et li-
vore pronum deterioribus principem exstimulabant. sic
Agricola simul suis virtutibus, simul vitiis aliorum in
ipsam gloriam praeceps agebatur.

1 42. Aderat iam annus, quo proconsulatum Africae et
Asiae sortiretur, et occiso Civica nuper nec Agricolae con-
silium deerat nec Domitiano exemplum. accessere qui-
dam cogitationum principis periti, qui iturusne esset in
provinciam ultro Agricolam interrogarent. ac primo oc-
cultius quietem et otium laudare, mox operam suam in
adprobanda excusatione offerre, postremo non iam ob-
scuri suadentes simul terrentesque pertraxere ad Domitia-
2 num. qui paratus simulatione, in adrogantiam composi-
tus, et audiit preces excusantis et, cum adnuisset, agi sibi
gratias passus est, nec erubuit beneficii invidia. salarium
tamen proconsulare solitum offerri et quibusdam a se
ipso concessum Agricolae non dedit, sive offensus non
petitum, sive ex conscientia, ne quod vetuerat videretur
3 emisse. proprium humani ingenii est odisse quem laese-
ris; Domitiani vero natura praeceps in iram, et quo ob-
scurior, eo inrevocabilior, moderatione tamen prudentia-
que Agricolae leniebatur, quia non contumacia neque in-
ani iactatione libertatis famam fatumque provocabat.
4 sciant, quibus moris est inlicita mirari, posse etiam sub
malis principibus magnos viros esse, obsequiumque ac
modestiam, si industria ac vigor adsint, eo laudis exce-
dere, quo plerique per abrupta, sed in nullum rei publi-
cae usum, ambitiosa morte inclaruerunt.

1 Domitianum B **3** ex(s)timulabant (H) E A B : existimulabant H^m E^m **4** aliorum ipsa gloria *Madvig* **6** Africae (aph-A) et asiae E A : Asiae et Africae (Aph- B) B *Puteolanus* : Asiae aut Africae *Lipsius* **8** aderat B **12** iam *Rhenanus* : tam E A B obscuri E^c A B : obscuris E **14** simulatione E A B : simulationis (H^m ?) E^m A^m **15** annuisset A B : amnuisset E **17** proconsulare E (*Bletterius apud Brotier*) : proconsulari E^c A B **20** laeseris E^c A B : laeserit E **27** escendere *Lipsius* **28** plerique ⟨qui⟩ *Maehly, alii* nullum (H^m ?) E^m A^m : ullum E A B rei publicae *Muretus* : rei post E A B : re p̄ (H^m ?) E^m A^m

1 43. Finis vitae eius nobis luctuosus, amicis tristis, ex-
traneis etiam ignotisque non sine cura fuit. vulgus quo-
que et hic aliud agens populus et ventitavere ad domum
et per fora et circulos locuti sunt; nec quisquam audita
morte Agricolae aut laetatus est aut statim oblitus [est].
2 augebat miserationem constans rumor veneno intercep-
tum: ⟨...⟩ nobis, nihil comperti adfirmare ausim. cete-
rum per omnem valetudinem eius crebrius quam ex
more principatus per nuntios visentis et libertorum pri-
mi et medicorum intimi venere, sive cura illud sive in-
3 quisitio erat. supremo quidem die momenta ipsa deficien-
tis per dispositos cursores nuntiata constabat, nullo cre-
dente sic adcelerari quae tristis audiret. speciem tamen
doloris habitu vultuque prae se tulit, securus iam odii et
4 qui facilius dissimularet gaudium quam metum. satis con-
stabat lecto testamento Agricolae, quo coheredem opti-
mae uxori et piissimae filiae Domitianum scripsit, lae-
tatum eum velut honore iudicioque. tam caeca et corrup-
ta mens adsiduis adulationibus erat, ut nesciret a bono
patre non scribi heredem nisi malum principem.
1 44. Natus erat Agricola Gaio Caesare ter⟨tium⟩ con-
sule idibus Iuniis: excessit quarto et quinquagesimo an-
no, decimum kalendas Septembris Collega Prisc⟨in⟩oque
2 consulibus. quod si habitum quoque eius posteri noscere

4 et per circulos B **5** est *del. Muretus* : oblitus. et *Wex* **7** *lacunam statui Mus. Helv. 27, 1970, 234* : ⟨ut⟩ adf. *Wex* : ⟨quod⟩ adf. *Acidalius* : ⟨quo⟩ adf. *Heubner, Rh. Mus. 116, 1973, 362* **9** uisentis (H) E^{c} A : uisentes H^{m} E : uiseritis B **12** constabat E (*Rhenanus*) : constabant A B **14** habitu *Ernesti* : animo E A B **15** constabat (H) E A B : constat H^{m} E^{m} **21** Gaio E : Caio A : C. B tertium *Ursinus* : ter E A B **22** quarto *Petavius* (*Animadversiones p. 98 in: Sancti Epiphanii ... opera, Parisiis 1622*) : sexto E A B **23** decimum E : decimo A B Priscino *Hirschfeld, Kl. Schr. 846*[1] *(Waddington, Fastes des provinces asiatiques, 1872) et Harrer, Class. Phil. 12, 1917, 197sq.* (*cf. Dessau ILS 9059*) : Prisco E A : Pisco B

velint, decentior quam sublimior fuit. nihil impetus in
vultu; gratia oris supererat. bonum virum facile crederes,
3 magnum libenter. et ipse quidem, quamquam medio in
spatio integrae aetatis ereptus, quantum ad gloriam, lon-
gissimum aevum peregit. quippe et vera bona, quae in
virtutibus sita sunt, impleverat, et consulari ac trium-
phalibus ornamentis praedito quid aliud adstruere fortu-
4 na poterat? opibus nimiis non gaudebat, speciosae con-
tigerant. filia atque uxore superstitibus potest videri
etiam beatus incolumi dignitate, florente fama, salvis ad-
5 finitatibus et amicitiis futura effugisse. nam sicut ⟨e⟩i
⟨non licuit⟩ durare in hanc beatissimi saeculi lucem ac
principem Traianum videre, quod augurio votisque apud
nostras aures ominabatur, ita festinatae mortis grave
solacium tulit evasisse postremum illud tempus, quo Do-
mitianus non iam per intervalla ac spiramenta tempo-
rum, sed continuo et velut uno ictu rem publicam exhau-
sit.
1 45. Non vidit Agricola obsessam curiam et clausum
armis senatum et eadem strage tot consularium caedes,
tot nobilissimarum feminarum exilia et fugas. una adhuc
victoria Carus Mettius censebatur, et intra Albanam ar-
cem sententia Messalini strepebat, et Massa Baebius
etiamtum reus erat. mox nostrae duxere Helvidium in

1 impetus (H) E A : metus H^m E^m A^m : metus et impetus B **2** superat B **6** sunt *om.* B **8** speciosae contigerant H^m E^m A^m : speciosae non contigerant (contingerant B) (H) E A B *post* contigerant *primus interpunxit Rhenanus, post* superstitibus A B, *sine interpunctione* E **9** filia . . . superstitibus *post* fama *posuit Doederlein, post* amicitiis *Urlichs, ego glossema esse suspicor* uxore (H) E A A^m B : uxoris H^m E^m **11** sicut ei non licuit *Dahl* : sicuti E A B **12** hanc . . . lucem *Acidalius* : hac . . . luce E A B **14** graue H E^m A^m : grande H^m E A B **17** uelut E A B : uel E^m exhausit (H) E A B : hausit H^m E^m **19** clausum B : clusum E A **22** carus E : charus A : clarus B Mettius H^m (m-) E^m A^c : Mitius E : mitius (H) A B arcem (H) E A B : uillam H^m E^m A^m **24** etiam tum E (*Gronov*) : iam tum A : tum B

carcerem manus; nos Maurici Rusticique visus ⟨. . .⟩,
2 nos innocenti sanguine Senecio perfudit. Nero tamen sub-
traxit oculos suos iussitque scelera, non spectavit; prae-
cipua sub Domitiano miseriarum pars erat videre et a-
spici, cum suspiria nostra subscriberentur, cum denotan-
dis tot hominum palloribus sufficeret saevus ille vultus
et rubor, [a] quo se contra pudorem muniebat.
3 Tu vero felix, Agricola, non vitae tantum claritate, sed
etiam opportunitate mortis. ut perhibent qui interfuere
novissimis sermonibus tuis, constans et libens fatum ex-
cepisti, tamquam pro virili portione innocentiam princi-
4 pi donares. sed mihi filiaeque eius praeter acerbitatem
parentis erepti auget maestitiam, quod adsidere valetudi-
ni, fovere deficientem, satiari vultu complexuque non
contigit. excepissemus certe mandata vocesque, quas pe-
5 nitus animo figeremus. noster hic dolor, nostrum vulnus,
nobis tam longae absentiae condicione ante quadrien-
nium amissus est. omnia sine dubio, optime parentum,
adsidente amantissima uxore superfuere honori tuo; pau-
cioribus tamen lacrimis compositus es, et novissima in
luce desideravere aliquid oculi tui.
1 46. Si quis piorum manibus locus, si, ut sapientibus
placet, non cum corpore exstinguuntur magnae animae,
placide quiescas, nosque domum tuam ab infirmo desi-
derio et muliebribus lamentis ad contemplationem vir-

1 nos Maurici Rusticique uisus (H) E A B : nos Mauricum (Mauricium A) Rusticumque diuisimus H^m E^m A^m ⟨notavit⟩ *temptavi Mus. Helv. 27, 1970, 234*[43] : ⟨adflixit⟩ *Reitzenstein, alii alia* **7** a *secl. Lipsius* **9** perhibent *Puteolanus* : perhiberent E A B interfuere E : interfuerunt A B **15** excepissemus *Acidalius* : excepissem E A B **16** figeremus H E A B : pingeremus H^m E^m $A^{v.l.}$ **17** nobis E A^c : *om.* A B tam H^m $E^{v.l.}$ A B : tum (H) E A^m longe E $A^{v.l.}$: longa $E^{v.l.}$ A : nostrae B **20** compositus (H) E^m A^m : comploratus H^m E A B **24** nosque ⟨et⟩ *Urlichs* **25** mulieribus B

tutum tuarum voces, quas neque lugeri neque plangi fas
2 est. admiratione te potius [temporalibus] et laudibus et, si
natura suppeditet, similitudine colamus. is verus honos,
3 ea coniunctissimi cuiusque pietas. id filiae quoque uxori-
que praeceperim, sic patris, sic mariti memoriam ve-
nerari, ut omnia facta dictaque eius secum revolvant, for-
mamque ac figuram animi magis quam corporis com-
plectantur, non quia intercedendum putem imaginibus
quae marmore aut aere finguntur, sed, ut vultus homi-
num, ita simulacra vultus imbecilla ac mortalia sunt, for-
ma mentis aeterna, quam tenere et exprimere non per
alienam materiam et artem, sed tuis ipse moribus possis.
4 quicquid ex Agricola amavimus, quicquid mirati sumus,
manet mansurumque est in animis hominum, in aeter-
nitate temporum, fama rerum; nam multos veterum ve-
lut inglorios et ignobiles oblivio obruet: Agricola po-
steritati narratus et traditus superstes erit.

2 te potius H^{m} $E^{v.l.}$ A B : potius (H) E temporalibus (H) E A B : temporibus H^{m} E^{m} : *del. Muretus ut ex* te potius *ortum* et laudibus E : laudibus A B **3** similitudine *Grotius* : militum H E A : multum B colamus *Muretus* : decoramus H E A B : decoremus *Ursinus* honos A B : honor E **6** formamque T (*?*) *Muretus* : famamque E A B **10** imbecillia B **15** ⟨in⟩ fama *Halm* **16** obruet H E A B (*et Decembrius, qui tamen in descriptione codicis vocem* veterum *omisit; v. Till, Handschr. Unters. 6*) : obruit (*perf.*) *Haupt, Rh. Mus. 3, 1845,152*

CORNELII TACITI DE VITA IVLI AGRICOLAE LIB̄ EXPLIC̄ H CORNELII TACITI DE VITA ET MORIBVS IVLII AGRICOLAE LIBER EXPLICIT E τελος B

INDEX NOMINVM